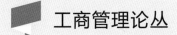

工商管理论丛

U0163688

国家自然科学基金面上项目"耐用品更新换代下以旧换新与产品架构决策问题的研究"（编号：71671085）资助出版

消费者短视情况下以旧换新和定价策略对耐用品设计策略的影响

罗子灿　著

EFFECT OF TRADE-INS AND PRICING STRATEGIES

ON THE DURABLE-GOODS DESIGN

WITH MYOPIC CONSUMER

WUHAN UNIVERSITY PRESS

武汉大学出版社

图书在版编目(CIP)数据

消费者短视情况下以旧换新和定价策略对耐用品设计策略的影响/
罗子灿著.—武汉:武汉大学出版社,2021.12(2022.9重印)
工商管理论丛
ISBN 978-7-307-22822-1

Ⅰ.消…　Ⅱ.罗…　Ⅲ.消费者行为论—影响—耐用消费品—产品
设计—研究　Ⅳ.TB472

中国版本图书馆 CIP 数据核字(2021)第 271931 号

责任编辑:林　莉　沈继侠　　责任校对:李孟潇　　整体设计:马　佳

出版发行:**武汉大学出版社**　　(430072　武昌　珞珈山)
　　　　(电子邮箱:cbs22@whu.edu.cn　网址:www.wdp.com.cn)
印刷:武汉邮科印务有限公司
开本:720×1000　1/16　印张:10.75　字数:191 千字　插页:1
版次:2021 年 12 月第 1 版　　2022 年 9 月第 2 次印刷
ISBN 978-7-307-22822-1　　定价:36.00 元

前　言

本书研究了耐用品升级换代时，垄断制造商该如何制定产品设计架构、是否有以旧换新和定价策略(静态定价和动态定价)的问题。耐用品由于它的耐用性抑制了新产品的销售。制造商为了提升新产品的销售量往往会采用提升新产品质量、推出以旧换新和通过改变产品架构(从一体化架构改成模块化架构)的策略降低消费者升级产品的成本等手段刺激消费者购买新产品(或者子系统)。本书从战略层面(产品设计、以旧换新和定价策略)和定价层面对这一问题进行了研究。本书运用最优化理论建立带多约束条件的价格决策的模型，综合考虑了第二代核心系统质量、以旧换新价格折扣率、折扣因子和兼容性等因素对制造商决策的影响。

在第一部分中(第三章)，建立一个在给定静态定价和没有以旧换新下的垄断制造商的模型。在两阶段期间内，首先建立和分析模块化架构时的模型。在第二阶段，制造商有两种选择：推出第二代产品和第二代核心系统；只推出第二代核心系统；最后建立和分析一体化架构时的模型。研究表明：如果第二代核心系统的质量不高时，一体化架构时的价格反而低于模块化时的价格。当折扣因子处于中间时，制造商应该选择模块化架构，并且兼容性可以不佳。当第二代核心系统的质量超过阈值后，无论折扣因子为多少，制造商都应该选择一体化架构。

在第二部分中(第四章)，在前一章的基础上把以旧换新的因素加入进来考虑。研究表明：如果以旧换新价格折扣率很低，折扣因子低时，制造商将选择模块化架构，并且可以存在一定的不兼容性。当第二代核心系统的质量有一定的提高和折扣因子大时，如果以旧换新价格折扣率高，可以在兼容性不超过阈值下选择模块化架构；如果以旧换新价格折扣率低，则反之，制造商会选择一体化架构。

在第三部分中(第五章)，给定动态定价和无以旧换新下，在两阶段期间内，首先建立和分析模块化架构时的模型。在第二阶段，制造商有两种选择：推出第二代产品和第二代核心系统；只推出第二代核心系统。其次建立和分析一体化架构时的模型,有两种情况:一种是没买第一代产品的消费者可以买到第二代产品;另一种是没买第一代产品的消费者买不到第二代产品。研究表明:制造商只选择一体化架构,并且制造商通过对第一代产品降价销售(相对于模块化架构产品的价格),然后在第二阶段定一个不低的价格(相对于模块化),从而提升整体利润。

在第四部分中(第六章),给定动态定价和有以旧换新下,在两阶段期间内,建立和分析模型。研究表明:第二代核心系统质量、以旧换新价格折扣率、折扣因子和兼容性会对产品设计架构产生影响。当以旧换新的价格折扣率很大时,制造商应该选择模块化架构。当以旧换新价格折扣率不小和第二代核心系统质量不低时,制造商应该选择一体化架构。

第五部分(第七章)则把前面四大类模型的结果综合在一起,从四个角度切入:制造商可以决定产品设计架构和是否以旧换新;制造商可以决定产品设计架构和定价策略;制造商可以同时决定产品设计架构、是否采取以旧换新和定价策略。最后,把这些情况进行比较和总结。

第六部分(第八章)对全书的研究进行总结,并展望未来的研究方向。

总之,在短视型消费者下,本书对耐用品的设计架构、以旧换新和定价策略的决策进行了研究,所得到的结果可以为企业获取更多的利润和提升企业的竞争力提供理论指导,研究具有较强的实际背景,并且具有重要的实际意义。

目　　录

第一章　绪　论

第一节　选题背景

以手机、PC、相机、打印机、汽车、工程机械和软件等为代表的高技术产品都属于耐用品(Durable Product)，这些产品所代表的行业也在国民经济中占有重要地位，且与人们的生活密切相关。当消费者手上的旧产品还能继续使用，只是质量水平比刚买时要低，那些对产品质量相当敏感或追求新鲜感的消费者会将手中的旧产品更换为新一代的产品，其他的消费者则会继续使用旧产品，而不会购买新产品。耐用品的这种跨期(Intertemporal)特点抑制了产品的销售量，但市场竞争压力的加大或者企业对利润的不断追逐，使得企业需要推出新产品。同时，技术的不断进步使得企业推出质量更佳的新产品成为可能。

在大量的新产品中存在这样一类产品，它是在上一代或者前几代产品的架构或者基础上进行的创新，这种类型的创新产品被称为序列式创新产品(Sequential Innovation)(Bessen 和 Maskin 2009)。[①] 其特点是几代产品之间有一个共同的基础，每代新产品是在这一共同的基础上增加新的功能或者提升性能。这种创新将降低制造新一代产品的技术门槛，同时也降低制造成本，产品的价格也将可能更低，这样，就会有更多的消费者购买产品，从而提升销售量。工业产品和消费型产品里存在大量的序列式创新的产品。

企业如果仅仅是依靠质量更佳的新产品来提升销售量是不够的。因此，企业为了刺激新产品的销售，推出以旧换新[②](Trade-in)政策和改变产品设计架构(Product Architecture，比如模块化架构的产品(Modular Architecture))是两种

[①] Bessen, J., Maskin, E. Sequential Innovation, Patents, and Imitation[J]. The RAND Journal of Economics, 2009, 40(4): 611-635.

[②] 以旧换新(Trade-in)——把旧产品回购回来，为购买新产品的消费者给予价格补贴。

很好地刺激销售量的手段和策略。本书把焦点放在产品架构（Product Architecture）和以旧换新的结合上。

产品从架构的角度看可以分成两种：模块化架构（Modular Architecture）和一体化架构（Integrated Architecture）。这两种设计架构都是由两种子系统组成：一个是基础子系统（Stable Module），比如电脑的显示器；另一个是核心子系统（Core Module），比如电脑机箱。如果这两种模块只通过简单的接口进行连接，这种设计就是模块化架构（比如通过数据线把电脑显示器和机箱连接在一起）。这类产品设计在很多行业存在，比如 PC 行业、汽车行业、飞机行业和工业产品等。半导体行业里的 Intel 和 AMD 公司从 ASML、Canon 和 Nikon 公司购买光刻（Photolithography）设备的做法就是采用模块化升级来完成产品的升级；如果制造商从产品的整体架构性能出发设计产品，通过产品设计来提升子系统之间的衔接性能，降低子系统之间的不兼容性，这种设计就是一体化架构（比如显示器和机箱一体化的电脑）。这种架构的产品也有不少的例子，比如 Apple 公司的 iPhone 和各大电脑公司推出的一体化电脑。

当这种模块化的产品进行升级时，消费者不需要更换基础系统，只需要更换核心系统就可以完成产品的升级。因此，升级模块化产品的成本相比升级一体化产品更低，从而可以刺激更多的消费者去购买核心系统，增加企业的销售量。

目前，这种模块化架构的设计方式在消费类电子产品、家用电器和汽车等行业内广泛使用。Altran 公司现在正在研发模块化设计的电动汽车 eMOC（电动模块汽车），这种汽车是由电池提供动力。由于整个汽车的设计是模块化设计，因此可以通过把不同的模块进行组装来实现汽车性能的增减（Altran 2014）。① 另外，电脑和手机等消费类电子产品也在向模块化产品方向发展。比如，HP 的 Elite Slice Win10 电脑（书生，2016）②和 LG 的 G5 模块化手机（鹏飞，2016）。③

---

① Altran . Altran presents "eMOC", the modular, smart car of the future［EB/OL］.（2014-8-11）［2020-9-28］. http：//www. altran. com/hub-press/press-releases/2014/altran-presents-emoc-the-modularsmart-car-of-the-future. html#. VQ-5HtpDggM.

② 书生 . 惠普发布 Elite Slice Win10 台式机：模块化功能亮眼［EB/OL］.（2016-9-1）［2020-9-30］. http：//www. ithome. com/html/win10/254253. htm.

③ 鹏飞 . LG G5 对比 iPhone 6s Plus 谁更胜一筹呢？［EB/OL］.（2016-2-23）［2020-10-2］. http：//digi. tech. qq. com/a/20160223/046885. htm.

企业和政府都使用过以旧换新这种手段来扩大产品销售量。2008 年金融危机后，国内经济下滑，政府为了刺激国内需求，推出了《家电以旧换新实施办法(修订稿)》的政策来刺激家电产品的销售，然而出现两大弊端：一是企业在打着"以旧换新"的幌子来清理老库存，或者变相打价格战，并不是真正意义上的用新技术和新产品淘汰老旧家电；二是活动形式缺乏新意和价值，基本是不需要旧家电都能享受到换新的价格和优惠。

最近一两年，也开始有不少的企业使用以旧换新的营销手段。这里可以分成两类，一类是直接面向消费者的供应链下游企业(零售商)，比如，京东、苏宁易购等。这一类型的企业推以旧换新往往是想扩大市场份额。消费者从这些企业获得"代金券"，然后在本店购买产品时可以抵扣价格，并不一定需要原制造商的产品。另一类是，制造商自己推出以旧换新。比如，Apple，HP，Microsoft 和小米等。这些制造商推出以旧换新是基于两方面的考虑：一是为推出新产品扩大潜在市场；二是增加新产品的销售量。因此，制造商本身推出以旧换新是在新技术和新产品的前提下推出的，促进了产品的升级，也扩大了销售量，与前面两类是不同的。本书重点研究这一类企业的以旧换新。

不少的企业在设计产品架构时，就考虑了将来以旧换新的营销策略。

Razer 推出模块化主机 Project Christine 时，就遇见了销售方式的选择问题，一种方式是给一级用户提供定期的硬件更新服务，一旦新的硬件发布，用户可以将旧模块退回，同时由 Razer 回收，并将其传递给二级用户。这种收费方式是每月收取 100 美元。另一种则是推出"以旧换新"的模式，用户可以将旧模块退回 Razer，并以优惠的价格购买新的硬件模块(Denver，2014；Grant，2014)。[1]

Microsoft 的 Surface 二合一系列产品在设计阶段就考虑到了将来消费者升级产品的成本。[2] 消费者升级这种模块化的二合一电脑(电脑屏幕和键盘合在一起可以作为笔记本电脑使用)时，可以把上代的电脑屏幕更换成新一代的，

---

① Denver. 雷蛇模块化 PC 量产并非不能实现价格将昂贵[EB/OL]. (2014-1-21)[2020-10-9]. http://digi. tech. qq. com/a/20140121/001476. htm；Grant, C. Razer Reveals Project Christine, a Modular Concept PC Focused on Easy Upgrades[EB/OL]. (2014-1-8)[2020-10-13]. Polygon, http://www. polygon. com/2014/1/8/5285332/razer-project-christine-modular-pc-ces.

② sinCerus. 买不买 Surface 3，看完这篇就明白了[EB/OL]. (2015-4-7)[2020-10-20]. http://36kr. com/p/531495. html.

而不需要更换键盘，因此消费者升级成本降低了，扩大了新产品的销售量。

HP 推出以旧换新政策时，不同于 Microsoft 主要从增加收益的角度出发，它同时还兼顾着环境保护的目的。因此，HP 在台式电脑和服务器的架构设计时，要考虑到将来的以旧换新：第二代核心系统质量提高到什么程度时，HP 需要模块化或者一体化架构；采用模块化架构时，模块之间的兼容性到什么程度；以旧换新的价格折扣率又会对产品架构产生什么的影响。

故而，耐用品更新换代下的以旧换新政策会对产品架构产生影响：有以旧换新政策时，一体化架构的产品既能为消费者带来更高的效用，同时价格也不高；没有以旧换新政策时，虽然模块化架构的产品质量不如一体化架构的产品，但是其更换的成本也相对较低。产品架构也会对以旧换新政策产生影响：模块化架构时，由于模块化升级成本不高，所以尽管采用以旧换新刺激销售，其销售量不会有显著的增加；一体化架构时，似乎以旧换新政策更好，因为其可以降低产品价格，增加销售量。

综上所述，市场的激烈竞争和技术的不断进步，刺激着企业对耐用品进行更新换代时，企业是否应该推出以旧换新政策、选择什么样的产品架构和制定什么样的定价策略，才能在当今激烈的市场竞争中脱颖而出，获得最大的利润，这是本书需要解决的问题，也是研究该问题的现实意义和学术价值所在。

第二节 文 献 综 述

目前国内外关于耐用品的研究多数不考虑产品更新换代。而对于考虑产品更新换代耐用品的研究工作大多只针对一个方面的问题，如新产品推出时机，旧产品如何淘汰、如何定价，产品设计等。不过这些研究工作仍然为本书的分析与研究奠定了基础，下面分别对相关的研究工作进行综述。

一、耐用品

耐用品的研究在经济学领域里是一个很重要的研究问题，已积累了丰富的研究成果。20 世纪 70 年代，经济学家 Coase、Swan、Akerlof 和 Bulow 等首先对耐用品的经济含义、最优耐用性和逆向选择等问题展开了研究。之后，耐用品的研究逐渐拓展到了运营管理、营销科学甚至金融学等领域。

20 世纪 70 年代对耐用品的研究主要是对最优耐用性的研究（Swan 1970，1971；Sieper 和 Swan，1973）。Coase（1972）提出耐用品垄断生产商会面临时间不一致问题：未来销售的产品将会影响现在销售产品的未来价值，并提出了科斯猜想(Coase Conjecture)，即给定消费者的期望，垄断厂商的价格将立即降至边际成本。如果消费者的购买行为不受过去行为影响，也就是厂商不能形成信誉，那么该猜想成立。Akerlof(1970)对耐用品汽车的二手交易市场进行研究后，发现由于信息不对称导致的逆向选择将使旧货市场崩溃。Swan(1980)认为如果产品的初始价格反映了未来旧货市场上的价格，那么旧产品的销售将不会降低垄断商的利润。Bulow(1982)提出一个耐用品两阶段模型。垄断者承诺在第二阶段不销售产品，只在第一阶段以垄断价格销售。然而，这种承诺是不可置信的，因此消费者不会在垄断价格时购买产品。作者进一步研究发现要避免这一问题可以采取租赁的方式。Bulow(1986)对自己早期的模型进行了扩展，证明发现垄断厂商可以通过降低耐用品的耐用性(Durability)减少时间的不一致问题。Waldman(1996)证明产品的耐用性要低于其在社会福利达到最优时的水平。Waldman(2003)对20世纪的耐用品研究进行了一个总结。Dhebar(1994)认为消费者不喜欢产品创新速度过快(Rapid Sequential Innovation)的产品，如果企业推出创新速度过快的产品将会促使消费者不购买当前的产品，而宁愿等待新的产品推出后再购买产品。如果产品创新不是很快，那么当前产品将对下代产品的销售产生负面的影响。

二、产品淘汰

由于耐用品使用寿命的跨期特点(时间不一致性问题)，消费者购买耐用品可以使用相当长一段时间，这样就会抑制下阶段新一代产品的销售量，从而降低企业利润。为了刺激消费者对新一代产品的需求，就需要把上一代产品从消费者手中移除掉，增加对新一代产品的潜在市场容量。产品淘汰这种策略就很好地符合了企业这一需要。产品淘汰主要是分成了两个部分的研究：一是有计划的淘汰；二是技术性淘汰。下面将从这两方面进行总结。

三、有计划的淘汰(Planned Obsolescence)

有计划的淘汰是在产品设计阶段就降低产品的使用寿命，使得消费者增加购买新一代产品的频率。Bulow(1986)认为无论是垄断企业还是寡头型企业，有计划的淘汰都能使企业获得更大的利润。但是，Waldman(1993)认为有计划的淘汰不仅增加了企业利润也增加了社会福利。Waldman(1996)指出了耐用品中"时间不一致"问题(Time Inconsistency)。所以，即便是有计划的淘汰策略会降低利润，企业还是会选择这一策略。Levinthal和Purohit(1989)研究了两阶段情况下，耐用品产品淘汰策略对新品销售策略的影响。Fishman等(1993)认为在竞争市场下，产品的耐用性提高了。另外有计划的淘汰产品可以加速产品的创新。Choi(1994)研究了具有网络外部性产品的有计划的淘汰策略问题。

以上的文献主要研究了有计划的淘汰策略的经济学意义，在什么样的市场条件下有计划的淘汰是最优的选择，这是该问题的传统研究领域。随着研究的深入，一部分学者把有计划的淘汰和营销学、行为经济学和运营结合在一起研究。比如，二手市场对产品更新频率的影响(Iizuka，2007)，企业产能的决策(Pangburn 和 Sundaresan，2000)和产品质量(Strausz，2009)。

Iizuka(2007)以教科书市场为研究对象，发现二手书的增加刺激出版商加快了教科书的修订频率。Miao(2010)把产品的捆绑销售和有计划的淘汰策略相结合，发现在有网络外部效应的情况下，捆绑销售可以获得更高的利润，产品升级加快了。Nes 和 Cramer(2008)发现刺激消费者进行产品替换的因素有：技术性能更高、带来快乐价值(Hedonic Value)、新的特征、心理上的价值、人体工程学上的好处、经济价值和环境价值。Pangburn 和 Sundaresan(2009)通过建立一个包含时间与销量因素的乘积形式的需求函数模型，研究了垄断企业在考虑有计划地淘汰产品的策略下，企业的产能决策的问题。Strausz(2009)认为有计划地淘汰产品可以激励企业提供一定质量水平的产品。

四、技术性淘汰(Technological Obsolescence)

产品技术性淘汰是企业通过设计和制造出性能比上代更好的产品，增加消费者的效用从而刺激消费者淘汰上代产品购买新一代产品。Cripps 和 Meyer(1994)研究发现，当消费者面对技术淘汰时，其往往不愿意更换产品。Fishman 和 Rob(2000)研究了一个垄断厂商周期性地推出新产品，并且每代产品都比前代产品要好的问题，研究发现如果企业不能施行有计划的淘汰或者给重复购买的消费者以折扣，那么推新产品的速度将会降下来；反之，企业的利润能提高。Nahm(2004)研究了两阶段新旧产品替换的问题，并且在第二阶段引入新产品之前考虑了产品研发是否成功的因素。Agrawal 等(2014)针对炫耀消费(Conspicuous Consumption)对耐用型新产品的推出策略进行了研究。作者比较研究了产品有计划的淘汰和技术性淘汰两种策略，发现当消费者是炫耀型消费者时，不应采用有计划的淘汰策略，而应采用技术性淘汰。

产品淘汰主要集中于一体化产品的淘汰，缺少从产品设计的角度出发考虑什么样的淘汰产品该怎样设计的问题。产品淘汰后对于新产品的推出会有什么样的影响也缺乏进一步的研究。

五、耐用品更新换代

产品更换往往是技术更好的一代产品取代上代产品，这时新一代产品什么时间推出、价格的高低、产能的多少和技术提高的程度等因素都会影响企业利润。Moorthy 和 Png（1992）研究了两代产品是同时推出（Simultaneous Introduction）还是先后推出（Sequential Introduction）的问题。作者发现当消费者比销售商更没有耐心时，要先后推出产品。在技术进步的情况下，Rajagopalan 等（1998）研究了每期产能该如何安排从而实现最优的问题，Regnier 等（2004）比较了不同更换政策的优劣条件。Okada（2006）发现，相对于具有新功能的产品（ Enhanced Product），消费者更倾向于对现有产品进行升级。Sankaranarayanan（2007）对软件行业中的免费体验政策（Free New Version Rights Warranty）进行了研究，发现这一有损未来收益的政策在一些条件下对企业其实是有利的。Mukherjia 等（2006）研究了什么时候企业选择技术升级的问题。如果升级时间早则有可能出现技术不够先进的问题，升级时间晚则有可能失去竞争优势。当新、旧技术之间的差别达到一定的阈值时，则要升级技术，而这个阈值受技术本身的成本、转换成本和机会成本的影响。Özer 和 Uncu（2013）研究了一个新产品什么时候进入市场和接下来供应商该如何安排生产的问题。Li 等（2010）认为新产品的引入会导致需求与供给之间的不匹配，此时就需要库存来解决这一问题。Li 和 Graves（2012）主要运用了动态定价的方法来解决产品代际更替（Inter-Generational Product Transition）产生的供给与需求不匹配的问题，得到了新旧产品的最优价格和最优初始库存水平。Lobel 等（2015）研究和比较了两种新产品发售策略：一种是不提前告知消费者新产品性能；另一种是提前告知。研究发现，在不告知的情况下，新产品的技术是稳步提升的；在告知的情况下，新产品的技术提升是小幅提升和重大提升相互交替出现。这一部分的研究主要集中在新产品的推出时机、产品质量的提升、新旧产品之间的供需匹配和库存管理等问题，而对更新换代方式的研究则尚有不足。

也有一部分学者对产品的更换进行了实证研究。Gordon（2009）建立了一个新旧产品更换的模型，然后以 PC 行业为例进行了实证分析。Schiraldi（2011）研究了当市场上消费者是异质性时，交易成本是一个影响消费者选择继续持有汽车还是选择购买新汽车的重要因素。

六、以旧换新的研究

企业采用以旧换新的原因有三个：一是增加消费者更换企业产品的成本；

二是关闭二手市场(消除逆向选择);三是提高消费者购买的频率。以旧换新问题的研究主要分成两方面。一方面是与消费心理学和行为科学结合,运用实验的方法研究消费者对回收的旧产品的估值问题。因为,在以旧换新的购买方式里,消费者既扮演购买者(购买新产品)又扮演销售者(销售旧产品)。在扮演购买者时,消费者会降低对产品的估值;在扮演销售者时,消费者反而会提高对自己产品的估值。Okada(2001)把心理账户概念(Mental Accounting)引进到以旧换新的研究中,发现恰当地使用心理账户概念可以增加消费者的效用。Zhu,Chen 和 Dasgupta(2008)使用实际的汽车交易市场的数据验证了心理账户对在以旧换新的方式下消费者对新产品愿意支付价格(Willingness-to-pay Price)的影响,并认为采用以旧换新方式可以提高消费者对新产品的愿意支付价格。Kim 等(2011)对于回收旧产品的价格消费者有更高的心理预期值,然而作者通过模型和实证的方法发现,当旧产品回收价与新产品价格比值低时,消费者会希望超额偿付(Overpayment),而当比值高时,消费者就不会显示这一期望。SrivaStava 和 Chakravarti(2011)通过实验的方法研究了产品价格不同的呈现方式(比如,一个价格表示,还是分别表示新产品价格和旧产品回收价格)对消费者对产品估值的影响。

另一方面是从市场定价、消费者需求的理论模型出发,研究新、旧产品定价,是否关闭二手交易市场等问题。Ackere 和 Reyniers(1995)研究了一个两阶段垄断模型,第二阶段企业向两类顾客提供折扣:一种是以旧换新;另一种是为购买新产品的顾客提供折扣(Introductory Offers)。最后,作者得出企业在什么条件下应选择何种折扣,并且折扣量是多少。Fudenberg 和 Tirole(1998)比较研究了在两阶段耐用品模型中产品性能不断提高,企业在什么样的市场情况下应该选择开放二手市场和关闭二手市场。Rao 等(2009)研究发现当考虑二手交易市场中的逆向选择因素时,企业采用以旧换新策略获得的利润相比于开放二手交易市场获得的利润要更多。Ray,Boyaci 和 Aras(2005)研究了两阶段耐用品以旧换新的问题,比较了三种定价策略:一是两代产品定价相同(Uniform Price);二是新老客户差别定价,老客户享受上代产品回购后所带来的新产品价格折扣(Age-independent Price Differentiation);三是新老客户差别定价,产品回收越早老客户可以享受更多新产品的价格折扣(Age-dependent Price Differentiation)。Busse 和 Silva-Risso(2010)使用2005—2007年美国汽车零售商的数据进行实证分析后,发现新车边际利润与以旧换新的边际利润普遍存在负相关关系。Huang 等(2014)研究了在政府提供"以旧换新"政策的前提下,汽车行业中的制造商和零售商该如何应对的问题。

七、产品架构决策的研究

产品架构问题是运营管理中很重要的一块。它影响着企业的组织结构。如果是模块化架构,则企业可以把研发部门分成一个个小的组织,各组织独立完成研发任务;如果是一体化架构,则在研发时需要各组织能很好地协调。它也影响着新产品的推出。如果是模块化设计,则便于消费者在将来的产品中升级;如果是一体化设计,则降低了升级的便利性,但是产品的性能却相对更好。

产品架构推动产品创新。产品架构在寻求产品模块化设计(包括以标准界面为基础在重复利用、替换等方面具有直接作用而无需改变产品架构本身的设计)、产品变化多样性(张莉莉等,2005)和应对知识复杂性(芮明杰和陈娟,2004)等方面促进了产品的设计创新,并且在复杂产品的模块化开发方式(陈劲等,2006)以及产品平台战略管理(项保华和易雪峰,2000;侯仁勇和胡树华,2003;胡树华和汪秀婷,2003;刘伟等,2009)等方面有效地提升了产品研发绩效。也可以通过界面的作用使得产品架构适应产品的创新需求(朱方伟等2008)。这些研究为产品创新提供了丰富的理论基础,有助于深刻理解产品架构自身的构造能力。

Baldwin 和 Clark(1997)探讨了电子和汽车等行业中产品架构几十年的演化路径,从原来的一体化设计到现在模块化设计的流行,主要存在以下几个驱动力:一是技术创新的速度加快;二是制造成本的降低(规模经济);三是其他学科的进步(比如材料学)使得隐藏信息(Hidden Information)——产品的架构、模块之间的界面和衡量产品性能的标准——可以被挖掘出来,从而提升产品的性能;四是模块化反过来加速了技术的进步,也使产品性能得到提升。Ron(1999)研究了模块化的产品对营销过程的影响,并总结出模块化产品对技术路线的选择和产品的营销过程有影响,创造了新的市场动态和新的营销目标、方法。Mikkola(2006)提出了影响模块化设计的产品性能的四方面因素:一是组件(Components),二是界面(Interfaces),三是耦合程度(Degree of Coupling),四是可替代性(Substitutability),并提出了一个相应的数学模型来研究两种不同的产品。

对于快速序列式创新的产品,Dhebar(1994)发现垄断型企业不能在第一阶段承诺第二代产品的价格和质量,从而不存在市场均衡。Kornish(2001)则认为如果垄断企业不提供产品升级价格(Upgrade Pricing),那么市场可以达到均衡。

Ulrich(1995)提出全面产品性能指标(Global Performance)是产品的性能由所有组件结合在一起决定的。部分性能(Local Performance)是产品的性能主要由一个或几个组件的性能决定。比如，电脑的性能主要是由 CPU 决定。Ethiraj 等(2008)研究了模块化设计的产品对竞争的影响，讨论了三种设计架构的产品：模块化、接近模块化(Nearly Modular)和非模块化设计，并且比较了三种情况下，产品创新和被模仿各自的优劣。

Krishnan 和 Ramachandran(2011)研究了产品架构和定价对管理序列性创新产品(Sequential Innovation)的影响。作者发现存在产品设计不一致问题(Design Inconsistency)：第一代产品的架构与第二代产品的架构不一致。该问题不能通过承诺第二代产品价格的方法解决，但作者提出可以通过承诺第一代产品价格不能高于一个阈值的方法来解决。Ramachandran 和 Krishnan(2008)研究和比较了三种情况：一是，核心模块和基础模块都在同一家企业购买(Proprietary Modular Upgradable Systems)；二是，基础模块通件可在其他企业购买，而改进型模块由本企业提供(Nonproprietary Modular Upgradable Systems)；三是，一体化的产品(Proprietary Integral Systems)——产品改进速度和第二代产品引入时间对产品架构的影响。研究发现：模块化加快了创新的速度；得到了企业该选择何种制造策略的条件。

Ülkü 等(2012)通过实证的方法研究了消费者在产品架构(模块化设计和一体化设计)方面存在的价值偏差。研究发现：更换时间间隔越短，消费者对模块化产品的价值评估越低，反之则会越高；消费者在购买模块化产品时，预想着将来的产品升级是对整个产品进行更换，但当实际要更新时，却想通过模块化来实现更新。Yin 等(2014)用全面产品性能指标(Global Performance)(产品的性能是产品所有组件性能之和)来比较三种产品架构：模块化、一体化和混合形式。通过数值分析发现，如果全面产品性能指标很高，则一体化架构好于模块化架构。

由于模块化的产品在更新时可能产生更少的废弃物，因此，有些学者开始研究模块化产品的环境友好性。Subramanian 等(2013)把企业的产品按照质量分成了高、低两类，然后考察这两类产品分别在采用或不采用共用组件(Component Commonality)生产方式下对第二阶段再制造产品质量、成本、定价和销量的影响，并假设再制造产品质量居于中间。作者分析了存在或不存在第三方再制造商的情况下，制造商采用与不采用共用组件两种策略下三种产品最优价格和企业各自的最优利润。通过数值分析发现，在是否存在第三方再制造商的情况下，低端产品使用共同组件节省的单位成本(η)、共同组件对产品质量的影响系数(Δ)、共同组件对单位再制造成本的影响系数(α)和共同组件对单位产品制造成本的影响系数(s)对企业是否采用共同组件的生产方式产生影响,并得到采用或不采用该生产方式的条件。

传统的认识中,产品模块化升级可以减少废弃量,因为不需要更换、淘汰整个产品。而 Agrawal 和 Ülkü(2013)通过研究发现,如果考虑产品整个生命周期内对环境的影响,那么模块化升级不一定对环境更有利,因为这种升级也会加快产品更新的速度,从而产生更多的废弃物。

产品架构创造竞争优势。通过产品架构创新,企业可形成独特的组织架构、获得模块知识优势,从而获得竞争优势(傅钧文,2006;王晓光,2006;杨俊和杨杰,2007;黄甫海蓉,2007;吴迪,2007;欧阳桃花,2007;刘志阳和施祖留,2009;唐春晖,2010)。以产品架构为依托,借助模块化的产品设计,企业可以有效降低产品制造成本,从而提升竞争优势。产品架构可使企业在运作领域获取成本优势和时间优势,在产业层面获取战略价值,并影响产业结构和市场进入难度。另外,通过产品架构创新,企业可实现供应商参与研发、改进创新战略(陈向东等,2002;顾良丰和许庆瑞,2006;刘明宇和骆品亮,2010)。模块化产品架构可实现组织柔性,进而改进组织绩效(陈建勋等,2009)并产生竞争优势(程文和张建华,2013;谢卫红等,2014)。

Glimstedt(2010)回顾了 Ericsson 在 1980 年至 2010 年这段时间内技术外包的历史,并且分析和总结了 Ericsson 在这段时间内在技术外包(Outsourcing)和重整化(Re-integration,重新收回外包业务)之间的周期循环现象。Ülkü 等(2011)把产品架构设计与供应链结合在一起研究,其发现当合作成本不高且供应商具有很好的研发能力时,在分散式供应链结构下产品设计应选择一体化设计;如果成员之间是对抗关系则应选择模块化设计,但有长期互信的关系则应选择一体化设计。Nepal 等(2012)使用多目标优化模型(Multi-objective Optimization)研究了在供应链角度下产品的架构该如何设计的问题,其发现供应链成员之间的兼容性(Compatibility)越高,产品越适合采用模块化的设计,兼容性越差,则越适合采用一体化设计。Feng 和 Zhang(2013)把模块化产品与供应链结合在一起进行了研究,并构建了一个两段式模块化组装供应链(Two-stage Modular Assembly System),一个供应商采购两种组件再组装成一个模块,最后卖给一个制造商的模型。研究发现,这种模块式生产的供应链使得制造商的制造成本和整个供应链的成本都降低了。

八、产品定价

企业根据当前市场上的信息，制定新产品的价格，这种定价方法就是动态定价(Dynamic Pricing)。这种定价方法可以降低市场风险，提高企业利润。文献中有大量文章对这种定价方法进行研究。其中 Besanko 和 Winston(1990)证明当垄断市场上的消费者是理性消费者时，撇脂定价(Price Skimming)是子博弈纳什均衡。最近的文献 Xu 和 Hopp(2006)，Lin 和 Sibdari(2009)，Gallego 和 Hu(2006)，Perakis 和 Sood(2006)，Martínez-de-Albéniz 和 Talluri(2011)研究了竞争情况下的动态定价。这些文献中消费者可以选择到哪去买或者买哪件产品，如果消费者需求没有被满足，则他会选择离开。研究的结果是，动态定价可以提高企业的利润。

虽然，动态定价可以为企业带来更多的利润，但是更换产品的价格会带来菜单成本(Menu Cost)。这种成本包括：物理成本(比如印刷新的价格表)、管理成本(比如收集信息和决策)、消费者成本(比如交流和谈判)。因此，企业将采用静态定价(Static Pricing)，即在企业知道市场需求信息之前就把价格制定好，并且让消费者知道。Cachon 和 Swinney(2011)，Swinney(2011)，Ovchinnikov 和 Milner(2012)，Özer 和 Zheng(2015)，Whang(2015)研究了当消费者是战略型消费者时，静态定价将会刺激消费者在当前购买产品，而不会等待产品的打折，虽然这种定价会损害企业的利润。

目前文献中研究的多是在战略型消费者的情况下，动态定价要比静态定价能带给企业更多的利润。而本书发现在短视型消费者的情况下，动态定价不一定始终优于静态定价。

九、文献评述

以上从四个方面：耐用品、产品淘汰和更新、以旧换新和产品设计架构对现有文献进行了介绍。每一部分的文献都只专注于本领域。耐用品的文献更多的是关注耐用品的一些特性(比如跨期性)会对企业和消费者产生什么样的影响。产品淘汰和更新则研究不同的淘汰方式对企业的影响，产品更新则是企业要决定什么时候推出新产品，价格该怎么定，以及两代产品之间的生产该怎么安排和库存政策怎么制定。这些研究很多都没有考虑到耐用品的耐用性。以旧换新研究了不同定价策略，价格该怎么确定以及在有二手市场下，企业是否要以旧换新。以旧换新对企业和消费者有不同的意义。以旧换新没有考虑到不同的产品设计架构会有不同的以旧换新策略。产品设计架构则集中在，当企业面对不同的产品架构时，企业该如何定价和什么时候推出产品。不同的产品架构会对企业产品的销售量产生不同的影响，也就导致了不同的利润。这样如果产品是耐用品时，上代产品会对新一代产品的销售产生抑制，这时推出以旧换新会刺激产品的销售，不同的产品架构就会产生不同的销售量，利润也就不同。

基于此，本书将在主要基于耐用品、以旧换新和产品设计架构现有研究的基础上，结合定价策略，对消费者短视情况下以旧换新和定价策略对耐用品设计策略的影响进行研究。具体地说，首先在给定是否以旧换新和定价策略的前提下，研究产品架构的选择。其次在给定定价策略的前提下，研究是否以旧换新和产品架构的选择；在给定是否依旧换新前提下，研究定价策略和产品架构的选择。最后研究企业同时决策产品架构、是否以旧换新和定价策略。

总之，本书把产品设计架构、以旧换新与定价策略结合在一起，在消费者是短视型时研究其对耐用品设计策略的影响。这种结合在现有文献中是很少关注的方向，需要进一步更加深入和系统地研究，为企业提供理论上的指导，这就是本书研究的目的和意义所在。

第三节　研究内容和结构

本书主要研究在产品是序列式创新产品的情况下，制造商在什么条件下选择以旧换新、定价策略采用哪种以及采取什么的产品架构。如表 1-1 所示。

表 1-1　　　　　　　　　　　　本书研究内容

制造商	静态定价	动态定价
没有以旧换新	一体化或模块化架构	一体化或模块化架构
有以旧换新	一体化或模块化架构	一体化或模块化架构

本书的研究框架如图 1-1。全文分成四大部分：第一部分，阐述问题的背景和提出问题，对现有的文献进行总结和评述及概括全文的内容和创新之处。第二部分，描述所研究的问题，提出具有全文普遍性的假设和记号。第三部分，提出假设、建立模型并求解最优价格、分析和比较各种情况。这一部分又分成五个章节来分析问题：给定静态定价和没有以旧换新的产品设计研究，即本书的第三章；给定静态定价和有以旧换新的产品设计研究，即本书的第四

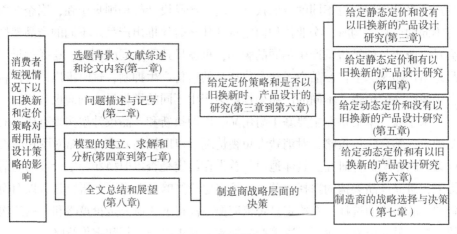

图 1-1 本书研究内容框架

章；给定动态定价和没有以旧换新的产品设计研究，即本书的第五章；给定动态定价和有以旧换新的产品设计研究，即本书的第六章；分析和比较制造商战略层面的各种决策情况，即本书的第七章。最后，对全书进行总结和对未来研究的展望，即本书的第八章。

一、短视型消费者、静态定价情况

消费者作出购买决策时只考虑当前的情况，制造商在第一代产品推出时就把将来要推出的产品的价格就已经确定好，并且和第一代产品的价格一样。

如果制造商不推出以旧换新的政策，那么产品是模块化架构的，制造商可以让消费者选择是模块化升级，还是既模块化升级也可以整体更换的升级策略；如果产品是一体化架构的，那消费者只能选择整体更换产品。

如果制造商推出以旧换新的政策，那么如果产品是模块化架构的，消费者可以选择模块以旧换新或者整体以旧换新。

如果产品是一体化架构，那么消费者只能选择整体更换式的以旧换新。如图 1-2 所示。

通过对产品创新程度、质量损失程度和产品老化程度对制造商产品价格和利润影响的分析和比较后，看制造商在什么条件下选择以旧换新的政策，什么条件下选择模块化和一体化架构。

二、短视型消费者、动态定价情况

消费者作出购买决策时只考虑当前的情况，制造商依据当前市场上的需求

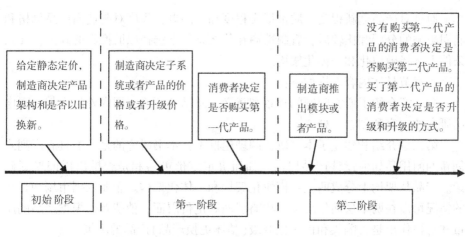

图 1-2 静态定价时制造商和消费者决策时间轴

信息制定当前产品的价格。

如果制造商不推出以旧换新的政策，那么产品是模块化架构的，制造商可以让消费者选择是模块化升级，还是既可以模块化升级也可以整体更换的升级政策；如果产品是一体化架构的，那么消费者只能选择整体更换产品。

如果制造商推出以旧换新的政策，那么如果产品是模块化架构的，消费者可以选择模块以旧换新或者整体以旧换新。

如果产品是一体化架构，那么消费者只能选择整体更换式的以旧换新。如图 1-3 所示。

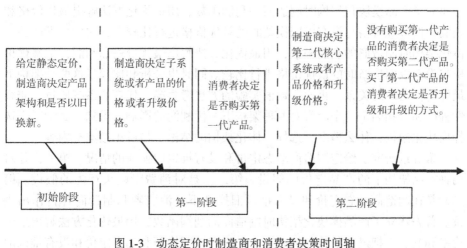

图 1-3 动态定价时制造商和消费者决策时间轴

通过对产品创新程度、质量损失程度和产品老化程度对制造商产品价格和利润影响的分析和比较后，看制造商在什么条件下选择以旧换新的政策，什么条件下选择模块化和一体化架构。

各章节具体内容安排如下：

第一章介绍了研究问题的背景和意义，总结和评论了国内外的文献，引申出研究的内容和创新之处。

第二章介绍和建立了本书研究的理论框架：本书研究的是一类具有序列式创新的耐用品如何设计产品架构、如何决定定价策略和是否推出以旧换新政策。产品从架构上分成两类：模块化架构和一体化架构。企业依据市场和自身的情况可以在两个层面作决策：战略层面和定价层面。消费者则根据产品的质量和价格作出是否购买和模块化升级(整体更换产品)产品的决策。

第三章研究了给定制造商静态定价和没有推以旧换新的情况。第一，是对两种产品架构下的产品定价的假设。第二，是对消费者购买行为的假设。第三，是在制造商静态定价和没有推以旧换新下，消费者和制造商各自作出决策。首先，建立了产品模块化架构和一体化架构时制造商的利润函数，用最优化方法解出最优价格和利润，并分析和比较了这两种架构下最优价格之间的关系。其次，用数值实验的方法考察第二代核心系统质量、兼容性程度和折扣因子三个因素对两种架构下最优利润的影响，得到了什么情况下选择模块化架构，什么情况下选择一体化架构的结论。最后小结本章内容。

第四章研究了给定制造商静态定价和有推以旧换新的情况。第一，是对两种产品架构下的产品定价的假设。第二，是对消费者购买行为的假设。第三，是在制造商动态定价和没有推以旧换新下，消费者和制造商各自作出决策。首先建立了产品模块化架构时制造商的利润函数，用最优化方法解出最优价格和利润，把最优价格与没有以旧换新时的最优价格进行比较。其次建立了产品一体化架构时制造商的利润函数，用最优化方法解出最优价格和利润，把最优价格与没有以旧换新时的最优价格进行比较。同时也分析和比较了这两种架构下最优价格之间的关系。再次用数值实验的方法考察第二代核心系统质量、兼容性程度和折扣因子三个因素对两种架构下最优利润的影响，得到什么情况下选择模块化架构，什么情况下选择一体化架构的结论。最后小结本章内容。

第五章研究了给定制造商动态定价和没有推以旧换新的情况。第一，是对两种产品架构下的产品定价的假设。第二，是对消费者购买行为的假设。第三，是在制造商动态定价和没有推以旧换新下，消费者和制造商各自作出决策。首先建立了产品模块化架构时制造商的利润函数，用最优化方法解出最优价格和利润，把最优价格与静态定价、没有以旧换新和动态定价和没有推以旧

换新时的最优价格分别进行比较。其次建立了产品一体化架构时制造商的利润
函数，用最优化方法解出最优价格和利润，同样也把最优价格与静态定价、没
有以旧换新和动态定价和没有推以旧换新时的最优价格分别进行比较。同时也
分析和比较了这两种架构下最优价格之间的关系。再次，用数值实验的方法考
察第二代核心系统质量、兼容性程度和折扣因子三个因素对两种架构下最优利
润的影响，得到什么情况下选择模块化架构，什么情况下选择一体化架构的结
论。最后小结本章内容。

　　第六章研究了给定制造商动态定价和有推以旧换新的情况。第一，是对两
种产品架构下的产品定价的假设。第二，是对消费者购买行为的假设。第三，
是在制造商动态定价和有推以旧换新下，消费者和制造商各自作出决策。首先
建立了产品模块化架构时制造商的利润函数，用最优化方法解出最优价格和利
润，把最优价格与前三章的最优价格分别进行比较。其次建立了产品一体化架
构时，制造商的利润函数，用最优化方法解出最优价格和利润，同样也把最优
价格与前三章的最优价格分别进行比较。同时也分析和比较了这两种架构下最
优价格之间的关系。再次用数值实验的方法考察第二代核心系统质量、兼容性
程度和折扣因子三个因素对两种架构下最优利润的影响，得到什么情况下选择
模块化架构，什么情况下选择一体化架构的结论。最后小结本章内容。

　　第七章从三个方面对本书进行了总结：(1)在给定制造商没有以旧换新和
有以旧换新下，第二代核心系统质量、兼容性程度、折扣因子和以旧换新折扣
因子四个因素对制造商价格决策、产品架构决策和定价策略决策的影响。(2)
在给定制造商的定价策略(静态和动态定价)下，第二代核心系统质量、兼容
性程度、折扣因子和以旧换新折扣因子四个因素对制造商价格决策、产品架构
决策和以旧换新决策的影响。(3)制造商可以自行决策产品架构、定价策略和
是否推出以旧换新政策时，制造商什么情况下选择模块化架构或者一体化架
构，什么情况下静态定价或者动态定价，什么情况下推以旧换新。最后提出将
来的研究方向。

三、本书创新之处

　　现有文献只就其中的一个方面进行了研究。对耐用品的研究集中在产品的
跨期性；对产品的更新换代的研究主要集中在怎么更新以及更新的价格怎么确
定等方面；对以旧换新的研究则聚焦在什么时候使用该政策、价格怎么确定；
对产品设计架构的研究多集中于对供应链成员和组织成员的影响；对定价策略
的研究则集中于怎么增加企业的收益，而忽视了与产品设计的结合。

　　本书是首次将产品设计、以旧换新和定价策略结合在一起进行研究。用新

的视角来看待营销与产品设计的结合。这是一个全新的领域，拓展出了许多新的问题，为后续的研究奠定了理论基础。本书主要有三个创新点。

1. 从营销学的角度看产品设计

建立了产品模块化架构和一体化架构的模型。用第二代核心系统质量、兼容性程度和折扣因子三个因素分析和比较了四种情况：给定制造商静态定价和没有推以旧换新；给定制造商静态定价和有推以旧换新；给定制造商动态定价和没有推以旧换新；给定制造商动态定价和有推以旧换新。

当产品是模块化架构时，制造商无论是静态定价还是动态定价，无论是否推出以旧换新政策还是是否推出第二代产品，购买了第一代产品的消费者全部都会模块化升级产品。

静态定价和动态定价、无以旧换新情况下（三种），当第二代核心系统质量较高时，制造商选择一体化架构；当动态定价和有有以旧换新情况下，当第二代核心系统质量较高时，如果以旧换新价格折扣率小，制造商选模块化架构，折扣力度小，制造商选一体化架构。

制造商不推以旧换新时，当静态定价和第二代核心系统的质量不高时，一体化架构时的价格反而低于模块化时的价格；动态定价时，制造商只选择一体化架构，并且制造商通过对第一代产品降价销售（相对于模块化架构产品的价格），然后在第二阶段定一个不低的价格（相对于模块化），从而提升整个利润——欲擒故纵。

制造商推出以旧换新时，当动态定价时，如果第二代核心系统质量有一定程度的提高，以旧换新价格折扣率很低，制造商应该选择模块化架构。

当静态定价时，如果以旧换新价格折扣率很低，折扣因子低时，制造商将选择模块化架构，并且可以存在一定的不兼容性。当第二代核心系统的质量有一定的提高和折扣因子大时，如果以旧换新价格折扣率高，可以在兼容性不超过阈值下选择模块化架构；如果以旧换新价格折扣率低，则反之，制造商选择一体化架构。

2. 产品设计与定价策略和产品设计与营销策略之间的相互影响

从两个方面看：第一个方面，在给定制造商的定价策略（静态和动态定价）下，第二代核心系统质量、兼容性程度、折扣因子和以旧换新折扣因子四个因素对制造商价格决策、产品架构决策和以旧换新决策的影响。

无论制造商采用静态定价还是动态定价，第二代核心系统质量的提升和折扣因子的降低都对以旧换新产生抑制作用。

制造商静态定价时，以旧换新价格折扣率很低时，会促使制造商在折扣因子小时，选择一体化架构和不以旧换新，或者兼容性不差的模块化架构和以旧换新。以旧换新的价格折扣率(λ)与兼容性(α)和折扣因子(δ)是负相关关系。

当第二代核心系统质量提高到一定程度后，折扣因子小时，制造商不推以旧换新；折扣因子大时，制造商推以旧换新。当第二代核心系统质量提高到很高时，无论折扣因子和兼容性，制造商都只选择一体化架构和不选择以旧换新。

制造商动态定价时，制造商会选择一体化架构。折扣因子大时，制造商要推出以旧换新；折扣因子小时，制造商不需要推出以旧换新。

第二个方面，在给定制造商的没有以旧换新和有以旧换新下，第二代核心系统质量、兼容性程度、折扣因子和以旧换新折扣因子四个因素对制造商价格决策、产品架构决策和定价策略决策的影响。

制造商不推以旧换新时，无论第二代核心系统质量和折扣因子的大小，制造商只选动态定价和一体化架构的产品。

制造商推出以旧换新时，当第二代核心系统质量提升不高、以旧换新价格折扣率很低和折扣因子小时，制造商可以推出有一定不兼容性的模块化产品。当以旧换新的折扣力度适中时，在相同的折扣因子下，越高的第二代核心系统质量，制造商可以推出兼容性越低的模块化产品；反之，低的第二代核心系统质量，制造商只推一体化产品。当以旧换新的折扣力度小时，制造商推一体化架构和动态定价策略。

当以旧换新的折扣力度大于阈值时，模块化产品兼容性好时，制造商用动态定价；模块化产品兼容性不佳时，制造商用静态定价。当第二代核心系统质量提升高和以旧换新的折扣力度大于阈值时，制造商只是用动态定价。当第二代核心系统质量足够高和以旧换新折扣力度很大时，制造商推模块化产品和动态定价。

当产品是一体化架构和以旧换新折扣力度适中时，如果折扣因子大，制造商选择动态定价；折扣因子小，制造商选择静态定价。

3. 产品设计、营销策略和定价策略之间的相互影响

当制造商可以自行决策产品架构、定价策略和是否推出以旧换新政策时，无论第二代核心系统质量提升多少、折扣因子是多少，制造商只选择一体化架构的产品，并且动态定价；当第二代核心系统质量有适当提升和折扣因子大时，制造商可以推出折扣力度不大的以旧换新政策；其他情况则不推以旧换新。

第二章　问题描述与记号

假设耐用品垄断制造商向目标市场中的顾客销售产品，该产品从功能与实体方面分成两个子系统：基础系统（Base or Stable Module）与核心系统（Core Module）（Henderson 和 Clark，1990；Ulrich，1995）。这两种子系统之间没有功能上的重叠部分。一个产品只有同时由这两种系统组成，才能发挥作用。产品升级时可以通过更换核心子系统实现产品质量水平提升的设计是模块化设计，反之必须更换整个产品的设计是一体化设计。制造商需要考虑是否要推出以旧换新的政策，让那些购买了上代产品的消费者能以更低的价格购买当前的产品。消费者也需要根据产品的质量、价格和自己选择产品的特性来决定是否购买产品或者升级/更换产品。

本章的安排：首先，确定研究的产品的特性；然后，提出影响制造商作决策的因素和假设；其次，提出消费者购买行为的假设；再次，建立本书研究问题的理论框架；最后，小结本章内容。

第一节　产 品 特 性

假设基本系统与核心系统的质量技术水平分别用 q_b 和 q_c 表示。经过一段时间销售以后，制造商将对产品进行升级。一般情况下，产品升级主要体现在对核心子系统升级，其升级程度为：β，其中 $\beta \geqslant 1$，即升级后的核心部分的质量技术水平为：βq_c。这说明第二代核心子系统的质量技术水平不会低于第一代的质量技术水平。

假设产品质量为：q_t，其中 $t \in \{1, 2\}$ 表示第一、二两个阶段，则第一、二代在产品的质量分别为：q_1 和 q_2，且 $q_1 \leqslant q_2$。当 $q_1 = q_2$ 时，第一、二代在产品质量上是一样的；当 $q_1 < q_2$ 时，第二代产品质量要高于第一代产品。由于该产品是耐用品，即产品使用寿命长于两次销售间隔时间，所以当制造商向消费者推出第二代产品时，第一代产品还会留有残值，这样即使第二代产品质量没有提高也会有消费者选择更换成第二代产品，因此，无论第二代产品质量是否

提高，都会有购买了第一代产品的消费者在第二阶段选择升级或更换成第二代产品。

第二节　企业策略与决策

制造商需要作两个层面的决策：一是战略层面的决策，包括产品定价策略、产品设计策略和以旧换新策略；二是价格层面的决策，制定产品或者子系统的价格。

在有限销售期内，制造商推出两代产品或者子系统：如果产品是一体化架构，则在第一阶段推出第一代产品，第二阶段推出第二代产品；如果产品是模块化架构，则第一阶段还是只推出第一代产品，第二阶段在推出第二代产品的同时也推出核心子系统。第二代产品是序列式创新产品——新产品是在上一代产品的基础上进行质量水平的提升。产品质量的提高是通过更换其中的核心子系统来实现的。

制造商有两种定价策略：静态定价策略与动态定价策略。静态定价策略下，制造商所推出的产品或者子系统价格在第一阶段需求实现前就确定下来，并且第二代产品或者子系统价格与上代的产品或者子系统价格相同。动态定价策略下，每一代产品或者子系统的价格是根据当时市场上需求信息决定的。

制造商有两种产品设计策略：模块化设计策略与一体化设计策略。模块化设计的产品，消费者升级时可以选择模块化升级——只更换核心系统，基础系统不更换，这样消费者可以较低的价格获得产品质量上的提升。但是，这种升级后的产品质量不如一体化产品。一体化设计的产品有质量上的优势，但是它的升级需要更换整个产品，这样它的升级价格要高于模块化升级的价格。

制造商对于耐用品升级通常会采用以旧换新策略，即对已经购买原产品的消费者如果希望升级或者更换产品，企业首先承诺以一定的价格回收原产品或者核心系统，然后消费者拿着这个补贴价再购买新的产品或者核心系统。这样的措施可以降低消费者升级或者更换产品的成本，刺激产品或者核心系统的销售量。

这三种策略的层次如图 2-1 所示。在作出战略层面的三个决策后，制造商再作产品价格的决策，使得自己的利润能达到最大。如果制造商没有推出以旧换新，制造商需要决定产品和核心系统的价格；如果制造商推出了以旧换新的政策，制造商除了决定产品和核心系统的价格外，还需要决定他们的升级价格（Upgrading Pricing，Kornish，2001）。

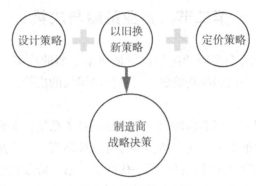

图 2-1　制造商战略决策

第三节　消费者行为与消费者决策

消费者从行为决策来看的话，可以分成两类：短视型消费者和战略型消费者。短视型消费者在作出购买决策时，只依据当前市场上的信息作出是否购买产品的决定。战略型消费者在作出购买决策时，不仅依靠当前市场上的信息，也把将来的可能性考虑在决策内，最后作出是否购买产品的决定。本书只研究在短视型消费者情况下，制造商如何决策以旧换新、定价和产品设计策略的问题。

当制造商推出第一代产品时，消费者根据第一代产品的质量和价格作出是否购买的决策。当制造商推出第二代产品和没有以旧换新时，没有购买第一代产品的消费者要作出是否购买第二代产品的决策，购买了第一代产品的消费者要决定是更换（升级）产品，还是不更换（升级）产品。如果产品是模块化架构，那么更换（升级）产品时，还要决定是模块化升级产品，还是更换整个产品；如果制造商推出以旧换新的政策，消费者也要作出类似的决策，不同的是产品的价格会不同而已。因此，消费者可以分成四类：不购买产品、只购买第一代产品、只购买第二代产品和购买第一代产品后升级/更换产品。制造商和消费者决策的顺序如图 2-2 所示。

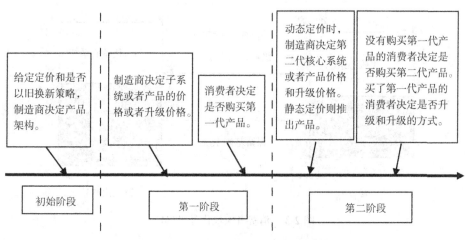

图 2-2　制造商和消费者决策时间轴

第四节　基本框架

一、产品设计和成本的假设

由于产品是耐用品，当消费者对模块化产品进行模块化升级时，第一代产品中的基础系统还会在第二代产品中继续使用。所以，此时基础系统的质量水平会下降，即此时所剩质量为 δq_b（Ramachandran，2008，2011），其中 δ 是产品耐用性，$\delta \in (0, 1)$，δ 越大，产品耐用性越高。

模块化的产品在升级时存在质量的损失。原因在于产品结构的复杂性导致新的核心系统与上代的基础系统之间的兼容问题，从而降低了整体产品的质量（相比于一体化），把这种模块化升级记为 M。这种由于模块化升级导致的质量损失率用 α 表示，$\alpha \in [0, 1)$（Ramachandran，2008）。当 $\alpha = 0$ 时，模块化升级不会给产品质量带来损失。当消费者在第一阶段购买了第一代产品，在第二阶段模块化升级产品，则升级后的产品质量是：

$$q_2^m = (1 - \alpha)(\delta q_b + \beta q_c) \qquad (2.1)$$

并且，$q_2^m > q_1$。模块化升级后的产品质量要优于第一代产品，不然消费者会缺乏升级产品的动力。如图 2-3 所示。

当制造商推出模块化架构的第二代产品时，基础系统和核心系统都是新

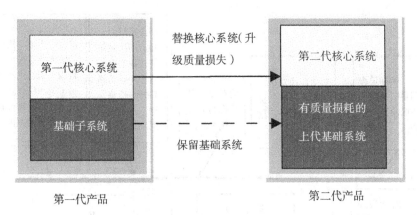

图 2-3   消费者模块化升级(M)

的，但是该产品是由第一代基础系统和第二代核心系统组合而成，因此也存在模块之间的兼容性问题。当消费者购买第二代模块化架构的产品时，该产品的质量为：

$$q_2^w = (1 - \alpha)(q_b + \beta q_c) \tag{2.2}$$

并且，$q_2^w > q_2^m$。把这种产品更换(或者升级)记为 W。如图 2-4 所示。

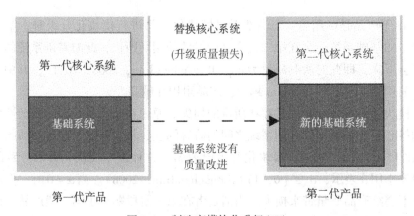

图 2-4   制造商模块化升级(W)

如果产品是一体化架构，购买了第一代产品的消费者就是把产品更换为第二代产品，而不能模块化升级。当消费者购买第二代产品时，该产品的质量为：

24

$$q_2^i = q_b + \beta q_c \tag{2.3}$$

并且，$q_2^i > q_2^w$。我们把这种情况记为 I。如图 2-5 所示。

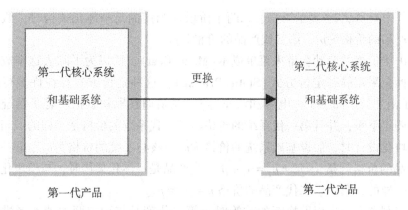

图 2-5 一体化更换（I）

当产品是一体化架构时，消费者只有一种升级或者更换产品的方式：把上代产品进行整体的更换，更换成新一代的产品。当产品是模块化架构时，为了研究的方便性与不失一般性，本书中假设制造商只为消费者提供模块化升级的选择，消费者不会愿意整体更换产品。因为，制造商推出模块化架构的产品就是希望消费者能模块化升级产品。

假设基础系统的单位制造为 c_b。基础系统在第一、二代产品中质量和功能没有改变，因此在两代产品中的单位制造成本是一样的。第一、二代产品中核心模块的单位制造成本分别为 c_{c1} 和 c_{c2}。因此，模块化设计架构下的产品，两代产品的单位制造成本为：

$$c_{1M}(q_b,\ q_c) = c_b + c_{c1} \tag{2.4}$$

$$c_{2M}(q_b,\ \beta q_c) = c_b + c_{c2} \tag{2.5}$$

一体化设计架构下的产品，两代产品的单位制造成本为：

$$c_{1I}(q_b,\ q_c) = c_b + c_{c1} \tag{2.6}$$

$$c_{2I}(q_b,\ \beta q_c) = c_b + c_{c2} \tag{2.7}$$

为了把研究的焦点放在定价和消费者消费行为方式对产品设计架构的影响上，我们假设这两种设计产品的单位制造成本为 0（Ramachandran，2008；Krishnan，2011，2006）。

二、产品定价的假设

当产品是模块化架构时，假设基础系统的价格为 p_{bt}，核心系统的价格为 p_{ct}，其中 $t \in \{1, 2\}$ 表示第一、二两个阶段。当产品是一体化架构时，假设第一代产品的价格为 p_1，第二代产品的价格为 p_2。

由于价格的变动会带来菜单成本（Menu Cost），所以为了除去这个成本，制造商会采用静态定价方式（Static Pricing），这种定价方式存在许多行业中（电子消费类产品、个人电脑和汽车等）。制造商在期初就把所有子系统的价格给确定下来，并且第一代系统的价格与第二代系统的价格是一样的。当产品是模块化设计时，假设基础系统的价格为 p_b，核心系统的价格为 p_c。第一、二代产品的价格就是 $p = p_1 = p_2 = p_b + p_c$。当产品是一体化架构时，与模块化的定价是一样的，第一、二代产品的价格 $p = p_1 = p_2$。

当制造商推出以旧换新的政策时，第二代产品将面向两类消费者进行销售。一类是没有购买第一代产品的消费者，这类消费者购买第二代产品的价格 $p = p_b + p_c$；另一类是已经购买了第一代产品的消费者更换成第二代产品时的价格为升级价格 $p_u = p_{bu} + p_{cu}$，其中 p_{bu} 表示基础系统的升级价格，p_{cu} 表示核心系统的升级价格。制造商以旧换新价格折扣率为 $\lambda = \dfrac{p_u}{p}$，并且，$p_u \leqslant p$。如果消费者是进行模块化升级，则只更换核心系统，这时升级成第二代核心系统的价格为 p_{bu}。制造商以旧换新的价格折扣率为 $\lambda = \dfrac{p_{bu}}{p_b}$，并且，$p_{bu} \leqslant p_b$。产品是一体化架构时，购买了第一代产品的消费者更换成第二代产品时的升级价格为 p_u。制造商以旧换新的价格折扣率为 $\lambda = \dfrac{p_u}{p}$，并且，$p_u \leqslant p$。

由于制造商可以通过多种手段（比如问卷调查和统计分析的方法）获取到市场上的信息（消费者对产品的偏好分布）。制造商可以根据这些信息为新产品制定新的价格，这就是动态定价方式（Dynamic Pricing）。如果制造商不推出以旧换新和产品设计是模块化时，第一代产品的价格为 $p_{b1} + p_{c1}$，第二代产品的价格为 $p_{b2} + p_{c2}$，模块化升级时的第二代核心系统的价格为 p_{c2}，整体更换成第二代产品的价格为 $p_{b2} + p_{c2}$；如果制造商不推出以旧换新和产品设计是一体化时，第一代产品的价格为 p_1，第二代产品的价格为 p_2。如果制造商推出以旧换新和产品设计是模块化时，第一代产品的价格为 $p_1 = p_{b1} + p_{c1}$，第二代产品的价格为 $p_2 = p_{b2} + p_{c2}$。模块化升级时的第二代核心系统的升级价格为 p_{cu}，则制造商以旧换新的价格折扣率为 $\lambda = \dfrac{p_{cu}}{p_{c2}}$，并且，$p_{cu} < p_{c2}$。整体更换成第二代

产品的价格为 $p_u = p_{bu} + p_{cu}$，则制造商以旧换新的价格折扣率为 $\lambda = \dfrac{p_u}{p}$，并且，

$p_u < p$。如果制造商推出以旧换新和产品设计是一体化时，第一代产品的价格

为 p_1，第二代产品的价格为 p_2，整体更换成第二代产品的价格为 p_u，则制造商

以旧换新的价格折扣率为 $\lambda = \dfrac{p_u}{p}$，并且，$p_u < p$。

为了整篇文章符号的完整性和一致性，这里对下文中出现的所有价格符号的下标进行规范说明。$p_{AB\Gamma\Delta EZ}$，其中 A 用 m 表示短视型消费者；B 用 s 表示静态定价，用 d 表示动态定价；Γ 用 n 表示没有以旧换新，用 t 表示有以旧换新；Δ 用 m 表示模块化架构，用 i 表示一体化架构；E 用 b 表示基础子系统，用 c 表示核心子系统，用 sb 表示同时销售第二代核心系统和产品时的基础子系统，用 sc 表示同时销售第二代核心系统和产品时的核心子系统，用 nb 表示销售第二代核心系统时的基础子系统，用 nc 表示销售第二代核心系统时的核心子系统；如果静态定价时，Z 用 1 表示同时销售第二代核心系统和产品，用 2 表示销售第二代核心系统；如果动态定价时，1 和 2 分别表示第一、二代，a 和 p 分别表示购买了第一代产品的消费者全部和部分购买第二代产品或者核心系统。

三、消费者的假设

假设消费者对产品质量的偏好为：θ，θ 在 $[0, 1]$ 上服从一致均匀分布。当消费者购买质量为 q_t、价格为 p_t 的产品时，他所获得的净效用值为：

$$W(q_t, p_t, \theta) = q_t\theta - p_t \tag{2.8}$$

W 表示消费者从购买产品 q_t 中获得的剩余效用。只有当 $W \geqslant 0$ 时，消费者才会购买该产品。消费者与制造商从使用产品和销售产品中获取的净效用值与收益的贴现比率是一样的，并且假设为 δ，且 $\delta \in (0, 1)$。

消费者在各种情况下获得剩余效用的函数形式将在下面的章节中具体描述，这里不再赘述。

第三章 静态定价、不采用以旧换新策略下耐用品设计策略研究

假设市场上只存在一个制造商，即该制造商是垄断者。在有限销售期内，制造商推出两代产品或者模块：如果产品是一体化架构，则在第一阶段推出第一代产品，第二阶段推出第二代产品；如果产品是模块化架构，则第一阶段还是只推出第一代产品，第二阶段在推出第二代产品的同时也推出核心系统。第二代产品是序列式创新产品——新产品是在上一代产品的基础上进行质量的提升。产品质量的提高是通过更换其中的核心系统来实现的。由于该产品是耐用品，即产品使用寿命长于两次销售间隔时间，所以当制造商向消费者推出第二代产品时，第一代产品还会留有残值，这样即使第二代产品质量没有提高也会有消费者选择更换成第二代产品，因此，无论第二代产品质量是否提高，都会有购买了第一代产品的消费者在第二阶段选择升级或更换成第二代产品。

第一节 产品定价的假设

由于变动产品的价格会带来"菜单成本"，因此，制造商为了降低这一成本而采用静态定价方式(Static Pricing)。这种定价方式存在许多行业中(电子消费类产品、个人电脑和汽车等)。制造商在期初就把所有子系统的价格给确定下来，并且第一代子系统的价格与第二代子系统的价格是一样的。当制造商没有推出以旧换新的政策时，假设基础系统的价格为p_{msnmb}，核心系统的价格为p_{msnmc}。第一、二代产品的价格就是$p_{msnm} = p_{msnm1} = p_{msnm2} = p_{msnmb} + p_{msnmc}$。当产品时一体化架构时，与模块化的定价是一样的，第一、二代产品的价格为$p_{msni} = p_{msni1} = p_{msni2}$。

第二节 消费者的假设

假设消费者对产品质量的偏好为：θ，θ在$[0, 1]$上服从一致均匀分布。

当消费者购买质量为q_t、价格为p_{msnt}的产品时，其所获得的净效用值为：

$$W(q_t,\ p_{msnt},\ \theta) = q_t\theta - p_{msnt} \tag{3.1}$$

当$W \geqslant 0$时，消费者才会购买该产品。消费者与制造商从使用产品和销售产品中获取的净效用值与收益的贴现比率是一样的，并且假设贴现率与产品耐用性系数是相等的，都为δ，且$\delta \in (0,\ 1)$。

如果制造商不推出以旧换新，当产品是模块化架构时，购买了第一代产品的消费者获得的净效用为$q_1\theta - (p_{msnmb} + p_{msnmc})$。购买第二代产品的消费者获得的净效用为$(1 - \alpha)\ q_2\theta - (p_{msnmb} + p_{msnmc})$，购买了第一代产品的消费者再模块化升级产品时获得的净效用为$(1 - \alpha)\ (\delta\ q_b + \beta\ q_c)\ \theta - p_{msnmc}$。当产品是一体化架构时，购买了第一代产品的消费者获得的净效用为$q_1\theta - p_{msni}$。购买了第一代产品的消费者再更换为第二代产品时获得的净效用为$q_2\theta - p_{msni}$。

第三节　　制造商的决策

在有限的两阶段内，制造商的决策有两个层面：一个是战略层面，即制造商需要决定产品的架构；另一个层面是价格层面：制造商需要决定产品的价格。如果制造商决定不推出以旧换新的政策，产品是模块化架构时，则制造商要决定基础和核心系统的价格p_b和p_c。如果是一体化架构的产品，则制造商要决定第一、二代产品的价格p（如图3-1）。

第四节　消费者的决策

当制造商推出第一代产品时，消费者根据第一代产品的质量和价格作出是否购买的决策。当制造商推出第二代产品和没有以旧换新时，没有购买第一代产品的消费者要作出是否购买第二代产品的决策；如果产品是模块化架构，购买了第一代产品的消费者要决定是否升级产品；如果产品是一体化架构，购买了第一代产品的消费者要决定是否更换产品。如图3-1所示。

消费者在作出购买产品的决策时，其需要在当前的几个选择中进行比较，并从这些选项中选择剩余效用最大的那个选项。当消费者面对两个选项的剩余效用没有差别时，把这类消费者称之为边际消费者（Marginal Consumers），记为θ_{msnmj}，其中$j \in \{1,\ 2,\ 3,\ 4\}$。这样可以得到表3-1。

其中，假设$A = q_1$，$B = (1 - \alpha)\ q_2$，$C = (1 - \alpha)\ (1 - \delta)\ q_b$，$D =$

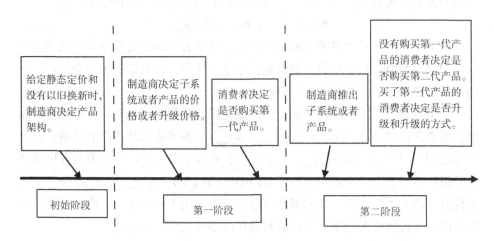

图 3-1　静态定价和没有以旧换新时制造商和消费者决策时间轴

$(1-\alpha)(\delta q_b + \beta q_c) - \delta q_1$。根据前面质量的假设，$A$—$E$ 的质量都是大于零的。为了讨论问题的方便性和不失一般性，我们假设 $A = q_1 = 1$，$q_b = q_c$。

表 3-1　　　　　　　　　　　静态定价和没有以旧换新时边际消费者

	不购买产品	购买第二代产品
购买第一代产品	$\theta_{msnm1} = \dfrac{p_{msnmb} + p_{msnmc}}{q_1}$	
购买第二代产品	$\theta_{msnm4} = \dfrac{p_{msnmb} + p_{msnmc}}{(1-\alpha)q_2}$	
购买第一代产品再模块化升级	$\theta_{msnm3} = \dfrac{p_{msnmc}}{(1-\alpha)(\delta q_b + \beta q_c) - \delta q_1}$	$\theta_{msnm2} = \dfrac{p_{msnmb}}{(1-\alpha)(1-\delta)q_b}$

第五节　　模块化架构的分析

在这种产品架构中，制造商可以选择推出第二代产品和第二代核心系统或者只推出第二代核心系统。

当制造商同时推出第二代产品和第二代核心系统时，第一阶段消费者可以选择是购买第一代产品还是不购买。$\theta \geq \theta_{msnm1}$ 的消费者会购买第一代产品。

第二阶段有两类消费者：一类是购买了第一代产品的消费者。当满足条件：$\theta \geq \theta_{msnm1}$（购买了第一代产品）、$\theta \leq \theta_{msnm2}$（模块化升级比整体更换产品更好）和 $\theta \geq \theta_{msnm3}$（模块化升级比不升级要好）时，这部分消费者选择模块化升级产品，即：

$$\theta \in \left[\max\{\theta_{msnm1}, \theta_{msnm3}\}, \theta_{msnm2}\right] \tag{3.2}$$

另一类是没有购买第一代产品的消费者。如果这类消费者的偏好满足条件：$\theta \leq \theta_{msnm1}$（没有购买第一代产品）和 $\theta \geq \theta_{msnm4}$（购买第二代产品不差于不购买）。则，这类消费者会购买第二代产品，即：

$$\theta \in \left[\theta_{msnm4}, \theta_{msnm1}\right] \tag{3.3}$$

这样存在两种情况：第一种，没有购买第一代产品的消费者会购买第二代产品，即：

$\theta_{msnm2} = 1,\ 1 \geq \theta_{msnm3},\ \theta_{msnm3} \geq \theta_{msnm1},\ \theta_{msnm1} \geq \theta_{msnm4}$

这时，第一代产品的销售量为：$D_{msnm1} = 1 - \theta_{msnm1}$，第二代产品的销售量为：$D_{msnm2} = \theta_{msnm1} - \theta_{msnm4}$，第二代核心系统的销售量为：$D_{msnmm} = 1 - \theta_{msnm3}$。制造商的利润函数式为：

$$\Pi^1_{MSNM} = \max_{p_{msnmsb},\ p_{msnmsc}} (p_{msnmsb} + p_{msnmsc}) D_{msnm1} + \delta\big[(p_{msnmsb} + p_{msnmsc}) D_{msnm2} +$$
$$p_{msnmsc} D_{msnmm}\big] \tag{3.4}$$

$$\text{s. t.} \begin{cases} \theta_{msnm2} = 1 \\ 1 \geq \theta_{msnm3} \\ \theta_{msnm3} \geq \theta_{msnm1} \\ \theta_{msnm1} \geq \theta_{msnm4} \\ p_{msnmsb},\ p_{msnmsc} > 0 \end{cases}$$

命题 3.1　当制造商静态定价、不推以旧换新和产品是模块化架构，$A > D + C$ 和 $-A(B + B\delta - 2C\delta) + B(2C + D + D\delta) > 0$ 时，最优价格为：

$$p^*_{msnmsb} = C,\ p^*_{msnmsc} = \frac{CD}{A - D}\ \text{时，}$$

所有购买了第一代产品的消费者都会模块化升级产品。

证明：证明的部分见附录。

从命题 1 可以知道，当制造商静态定价、不推以旧换新和产品是模块化架构，消费者是短视型时，制造商通过价格手段让没有购买第一代产品的消费者能购买到第二代产品的话，所有购买了第一代产品的消费者都会把核心系统更换成第二代。这是因为，制造商为了吸引低端消费者①购买第二代产品，那么该产品的价格需要足够的低，同时第二代产品中的一个组成子系统是第二代核心系统，因此第二代核心系统的价格也不会高，这样就刺激中高端消费者都更换为第二代核心系统。

有趣的是，基础系统和核心系统的价格没有一个固定的大小关系，他们是随产品质量提升度、升级质量的损失度和产品耐用性影响。

为了讨论问题的方便性和不失一般性，我们假设 $A = q_1 = 1$，$q_b = q_c = 0.5$。得到下面的推论。②

推论 3.1 当制造商静态定价、不推以旧换新和产品是模块化架构，$1 = A > D + C$、$-A(B + B\delta - 2C\delta) + B(2C + D + D\delta) > 0$ 和 $q_b = q_c = 0.5$ 时，基础系统和核心系统价格之间存在如下关系：

$$
\begin{cases}
p^*_{msnmsc} \geq p^*_{msnmsb} &
\begin{cases}
\text{当}\ \delta \geq \dfrac{\alpha}{1+\alpha}\ \text{时，}\ \beta \in \left(\dfrac{\delta(1+\alpha)+1}{1-\alpha},\ \dfrac{\delta(1+\alpha)+2}{1-\alpha} \right) \\[2mm]
\text{当}\ \delta < \dfrac{\alpha}{1+\alpha}\ \text{时，}\ \beta \in \left(\dfrac{1+\alpha}{1-\alpha},\ \dfrac{\delta(1+\alpha)+2}{1-\alpha} \right)
\end{cases} \\[6mm]
p^*_{msnmsc} < p^*_{msnmsb} & \text{当}\ \delta > \dfrac{\alpha}{1+\alpha}\ \text{时，}\ \beta \in \left(\dfrac{1+\alpha}{1-\alpha},\ \dfrac{\delta(1+\alpha)+1}{1-\alpha} \right)
\end{cases}
$$

证明： 证明的部分见附录。

当产品的升级损失程度增加时，产品可以更加耐用，但是耐用性不能超过阈值 $\left(\delta < \dfrac{\alpha}{1+\alpha} \right)$，产品的第二代核心系统质量的提升度也随着增加，这样才会使得核心系统的价格不低于基础系统的价格。这说明就算升级质量的损失程度增加会使产品更耐用，但是如果耐用性不高，那么产品低耐用性和质量的提升可以刺激消费者购买产品（系统），从而支撑更高的价格。如果产品更加耐用 $\left(\delta \geq \dfrac{\alpha}{1+\alpha} \right)$，第二代核心系统质量的提升度足够高 $\left(\beta \in \left[\dfrac{\delta(1+\alpha)+1}{1-\alpha}, \right. \right.$

---

① 低端消费者指没有购买第一代产品的消费者；中端消费者指买了第一代产品但不升级产品的消费者；高端消费者指买了第一代产品再升级产品的消费者。

② 下文中如没有特别说明，所有的推论都是在 $A = q_1 = 1$，$q_b = q_c = 0.5$ 的前提下得到的结论。

$\dfrac{\delta(1+\alpha)+2}{1-\alpha}\Big)\Big)$ 的话，核心系统的价格也不低于基础系统的价格。虽然产品更耐用了(抑制消费者购买新产品或系统)，但是更高的质量还是会刺激消费者购买产品(系统)；如果第二代核心系统质量的提升度不高 $\Big(\beta\in\Big(\dfrac{1+\alpha}{1-\alpha},$

$\dfrac{\delta(1+\alpha)+1}{1-\alpha}\Big)\Big)$，核心系统的价格将低于基础系统的价格。因为产品耐用，质量提升也不高，消费者购买新产品(系统)的兴趣也就不高，制造商为了刺激消费就需要把更高的第二代核心系统的价格降低，低于基础系统的价格。

第二种，制造商不推出第二代产品，即：

$$1\geq\theta_{msnm3}，\theta_{msnm3}\geq\theta_{msnm1}\qquad(3.5)$$

这时，第一代产品的销售量为：$D_{msnm1}=1-\theta_{msnm1}$，第二代核心系统的销售量为：$D_{msnmm}=1-\theta_{msnm3}$。制造商的利润函数式为：

$$\Pi^2_{MSNM}=\max_{p_{msnmnb},\,p_{msnmnc}}(p_{msnmnb}+p_{msnmnc})D_{msnm1}+\delta\,p_{msnmnc}D_{msnmm}\qquad(3.6)$$

$$\text{s. t.}\begin{cases}B\geq A,\ A>D\\[2mm]D\geq p_{msnmnc}\\[2mm]p_{msnmnc}\geq\dfrac{D}{A-D}p_{msnmnb}\\[2mm]p_{msnmnb},\ p_{msnmnc}>0\end{cases}$$

命题 3.2　当制造商静态定价、不推以旧换新和产品是模块化架构，并且不推出第二代产品，$A>D$ 时，最优价格为：

$$p^*_{msnmnb}=\dfrac{A-D}{2},\ p^*_{msnmnc}=\dfrac{D}{2}\ \text{时，}$$

所有购买了第一代产品的消费者都会模块化升级产品。

证明：证明的部分见附录。

当制造商不推出第二代产品时，意味着制造商已经放弃低端消费者，而只向中高端消费者销售产品，失去的这部分销售量就需要从中高端消费者中得到。因此制造商通过价格要让所有购买了第一代产品的消费者都模块化升级产品。此情况下的第二代核心系统的价格是否要比前一种情况下的价格更低？第一代产品的价格又有什么样的大小关系？

推论 3.2　当制造商静态定价、不推以旧换新和产品是模块化架构，$1=A>D+C$、$-A(B+B\delta-2C\delta)+B(2C+D+D\delta)>0$ 和 $q_b=q_c=0.5$ 时，

$$\begin{cases} p^*_{msnmnc} \geqslant p^*_{msnmsc} & \text{当} \beta \in \left(\dfrac{1+\alpha}{1-\alpha}, \dfrac{3\delta+2\alpha-\alpha\delta}{1-\alpha}\right] \text{时} \\ p^*_{msnmnc} < p^*_{msnmsc} & \text{当} \beta \in \left(\dfrac{3\delta+2\alpha-\alpha\delta}{1-\alpha}, \dfrac{\delta(1+\alpha)+2}{1-\alpha}\right) \text{时} \end{cases}$$

同样，p^*_{msnmn} 和 p^*_{msnms} 也存在这样的大小关系，即：

$$\begin{cases} p^*_{msnmn} \geqslant p^*_{msnms} & \text{当} \beta \in \left(\dfrac{1+\alpha}{1-\alpha}, \dfrac{3\delta+2\alpha-\alpha\delta}{1-\alpha}\right] \text{时} \\ p^*_{msnmn} < p^*_{msnms} & \text{当} \beta \in \left(\dfrac{3\delta+2\alpha-\alpha\delta}{1-\alpha}, \dfrac{\delta(1+\alpha)+2}{1-\alpha}\right) \text{时} \end{cases}$$

证明： 证明的部分见附录。

当第二代核心系统的质量提升度不高$\left(\beta \in \left(\dfrac{1+\alpha}{1-\alpha}, \dfrac{3\delta+2\alpha-\alpha\delta}{1-\alpha}\right]\right)$时，消费者在第二阶段模块化升级产品的意愿就不强，通过降价提升销售量从而增加整体利润的空间就小，制造商反而选择通过提升价格增加边际利润的手段来增加整体利润。因此，在此时制造商不推第二代产品下，第一代产品和第二代核心系统的价格分别高于推出第二代产品时的价格。

当第二代核心系统的质量提升度高$\left(\beta \in \left(\dfrac{3\delta+2\alpha-\alpha\delta}{1-\alpha}, \dfrac{\delta(1+\alpha)+2}{1-\alpha}\right)\right)$时，产品的降价空间大了，制造商可以通过降低价格扩大销售量从而增加整体利润。而在制造商推出第二代产品的情况下，由于没有购买第一代产品的消费者可以购买第二代产品，销售量不低，制造商降价的动力也就不足。因此，在此时制造商不推第二代产品下，第一代产品和第二代核心系统的价格分别低于推出第二代产品时的价格。

总之，在第二代核心系统质量提升得不高时，制造商倾向于提升边际利润来增加总利润；质量提升得高时，制造商更愿意通过降价来增加销售量，以此提高总利润。

第六节　一体化架构的分析

制造商采用一体化架构设计时，在这种产品架构下，第一阶段消费者可以选择是购买第一代产品还是不购买。当 $\theta \geqslant \theta_{msni1}$ $\left(\text{其中，} \theta_{msni1} = \dfrac{p_{msni}}{q_1}, \text{令} A = q_1\right)$时，消费者会购买第一代产品，即：

$$\theta \in \left[\theta_{msni1}，1\right] \tag{3.7}$$

第二阶段有两类消费者：一类是没有购买第一代产品的消费者。如果这类消费者的偏好满足条件：$\theta \leqslant \theta_{msni1}$（没有购买第一代产品）和 $\theta \geqslant \theta_{msni2}$（其中，$\theta_{msni2} = \dfrac{p_{msni}}{q_2}$，令$B_I = q_2$）（购买第二代产品不差于不购买）。则，这类消费者会购买第二代产品，即：

$$\theta \in \left[\theta_{msni2}，\theta_{msni1}\right] \tag{3.8}$$

另一类是购买了第一代产品的消费者。当满足条件：$\theta \geqslant \theta_{msni1}$ 和 $\theta \geqslant \theta_{msni3}$（其中，$\theta_{msni3} = \dfrac{p_{msni}}{q_2 - \delta q_1}$，令$E_I = q_2 - \delta q_1$）（整体更换产品比不更换要好）时，这部分消费者选择整体更换产品，即：

$$\theta \in \left[\max\{\theta_{msni1}，\theta_{msni3}\}，1\right] \tag{3.9}$$

因此，当购买了第一代产品的消费者中一部分更换成第二代产品时，边际消费者要满足条件：$1 \geqslant \theta_{msni3}$，$\theta_{msni3} \geqslant \theta_{msni1}$，$\theta_{msni1} \geqslant \theta_{msni2}$。这时，第一代产品的销售量为：$D_{msni1} = 1 - \theta_{msni1}$，第二代产品的销售量为：$D_{msni2} = (\theta_{msni1} - \theta_{msni2}) + (1 - \theta_{msni3})$。制造商的利润函数式：

$$\Pi_{MSNI} = \max_{p_{msni}} p_{msni} D_{msni1} + \delta p_{msni} D_{msni2} \tag{3.10}$$

$$\text{s. t.} \begin{cases} 1 \geqslant \theta_{msni3} \\ \theta_{msni3} \geqslant \theta_{msni1} \\ \theta_{msni1} \geqslant \theta_{msni2} \\ p_{msni} > 0 \end{cases} （其中\theta_{msni1} \geqslant \theta_{msni2} \text{ 肯定成立}）$$

命题 3.3　当制造商静态定价、不推以旧换新和产品是一体化架构和 $A \geqslant E_I$ 时，一部分购买了第一代产品的消费者以最优价格：

$$p_{msni}^* = \frac{A B_I E_I (1 + \delta)}{2\left[A E_I \delta + B_I (E_I + A\delta - E_I \delta)\right]}$$

整体更换成第二代产品。并且，当 $A > E_I$ 时，购买了第一代产品的消费者只有部分更换产品；当 $A = E_I$ 时，购买了第一代产品的消费者全部更换产品。

证明：证明的部分见附录。

推论 3.3　当制造商静态定价和不推以旧换新，$1 = A > E_I$、$A > D + C$、$- A(B + B\delta - 2C\delta) + B(2C + D + D\delta) > 0$ 和 $q_b = q_c = 0.5$ 时，模块化架构和一体化架构的价格和利润之间存在如下大小关系：

$$\begin{cases} p_{msnmn}^{*} \geq p_{msni}^{*} & \text{当} \beta \in [1, \delta + \sqrt{1+\delta^2}] \text{时} \\ p_{msnmn}^{*} < p_{msni}^{*} & \text{当} \beta \in (\delta + \sqrt{1+\delta^2}, +\infty) \text{时} \end{cases}$$

当 $\delta = 1$ 时，

$$p_{msni}^{*} \geq p_{msnms}^{*}, \quad \Pi_{MSNI}^{*} \geq \Pi_{MSNM}^{1*}$$

$$\begin{cases} \Pi_{MSNI}^{*} \geq \Pi_{MSNM}^{2*} & \text{当} \beta \in [\dfrac{2}{1+\alpha}, +\infty) \text{时} \\ \Pi_{MSNI}^{*} < \Pi_{MSNM}^{2*} & \text{当} \beta \in [1, \dfrac{2}{1+\alpha}) \text{时} \end{cases}$$

证明：证明的部分见附录。

从推论 3.3 中可以看到，一体化架构时的价格不一定大于模块化架构时的价格，只有当第二代核心系统的质量足够高($\beta > \delta + \sqrt{1+\delta^2}$)时，才会大于模块化架构时的价格。这是因为此时一体化时的产品质量比模块化时的质量更高，因此制造商可以定更高的价格。如果第二代核心系统的质量不高($\beta \in [1, \delta + \sqrt{1+\delta^2}]$)时，一体化架构时的价格反而低于模块化时的价格。因为模块化架构时第一代产品和第二代核心系统的价格是不一样的，制造商采用了差异化定价，一体化架构时第一、二代产品的价格是一样的，此时的销售量大于模块化架构时的销售量，因此模块化时的价格高于一体化架构时的价格。

把推论 3.2 和 3.3 结合在一起可以发现，相对于一体化架构的产品，当第二代核心系统质量不高时，模块化的产品价格(边际利润)对总利润的影响大于销售量对其的影响，制造商会稳定价格；当第二代核心系统质量高时，则反之，制造商会为了扩大销售量而降低价格。

当产品耐用性非常高($\delta = 1$)和制造商推出第二代产品时，消费者更换产品的意愿也随之非常低，这时制造商想通过低价来扩大销售量从而增加总利润会更难。制造商应该从合适的价格中获得更多的边际利润来提升总的利润。

如果模块化架构下制造商不推出第二代产品，那么模块化架构时的利润与一体化架构时的利润和前面价格的大小关系类似，这里不再赘述。

第七节 数 值 分 析

这一部分我们将用数值的方法分析参数 α、β、δ 对制造商最优利润影响的趋势，即把模块化架构下的最优利润与一体化架构下的最优利润相比较，得到在什么条件下制造商选择什么样的产品架构的结论。

在这里 $\alpha \in [0, 0.3]$，$\delta \in [0.5, 1]$①，$\beta \in [1, 5]$ 和 $q_b = q_c = 0.5$。$\beta = 1$ 表示第二代核心系统质量相对于第一代没有提高。$q_b = q_c = 0.5$，因为第一代产品中的基础系统和核心系统的质量不会有很大的差别，因此假设这两个子系统的质量占整个产品的质量各为一半。下面的数值实验除开特别说明外都是依据上面的参数值进行的分析，并且横轴表示 δ，纵轴表示 α。如图 3-2、图 3-3 和图 3-4 所示。

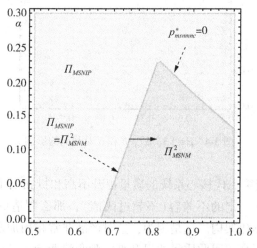

图 3-2　$\beta \in [1, 2)$，δ 和 α 对利润的影响

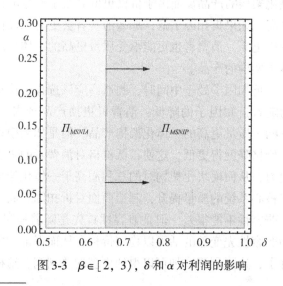

图 3-3　$\beta \in [2, 3)$，δ 和 α 对利润的影响

---

① 这里的参数取值范围来自文献 Ramachandran R，Krishnan V，2008.

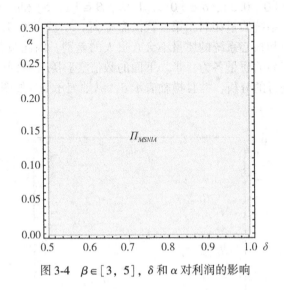

图 3-4　$\beta \in [3, 5]$，δ 和 α 对利润的影响

图 3-2 说明当第二代核心系统的质量提升不高和折扣因子高时，如果模块化架构的产品存在一定的不兼容（不超过阈值），那么制造商会选择模块化架构，反之选择一体化架构。这是因为，这时产品非常耐用加之第二代核心系统的质量提升幅度不高，因此质量的提升难以刺激消费者更换产品或系统，而质量稍差些的模块化架构的产品反而由于价格更低刺激了产品的销售，从而总利润比一体化时更高。如果折扣因子低，那么消费者会更有积极性去更换产品或者系统，就算价格更高，消费者也更能承受质量更高的一体化产品，这时制造商应该选择一体化架构的产品。

有趣的是，当折扣因子处于中间时，制造商应该选择模块化架构，并且兼容性不佳。因为随着折扣因子的降低，消费者更换产品或者系统的动力在增加，也就更愿意购买质量更高的一体化架构产品。但是如果模块化架构的产品兼容性在降低，价格降就得更低，这使得低价格对消费者的吸引力超过高质量对消费者的吸引力，从而模块化架构时的总利润高于一体化架构时的总利润。

随着第二代核心系统的质量提升，制造商面对折扣因子高的消费者可以采用模块化架构，兼容性不能很差，但是兼容性首先是随着质量的提升而变差，然后变佳。因为兼容性先变差的话可以稳定价格，从而保证销售量，后来变佳是因为质量更好了，边际利润增加可以得到更多的总利润，这样的话价格就要上升。

当第二代核心系统的质量提高到一定程度（图 3-3）后，一体化架构的产品边际利润大于模块化架构产品，虽然销售量少些，但是总利润此时更受边际利润的影响，因此制造商无论折扣因子为多少，都选择一体化架构。当折扣因子大时，消费者更换产品的动力不足，只高端消费者会更换产品；当折扣因子小时，消费者积极更换产品，中高端消费者会全部更换产品，并且随着第二代核心系统质量的提高，中端消费者会更加积极地更换产品。

图3-4说明当第二代核心系统的质量超过阈值后，无论折扣因子为多少，制造商都应该选择一体化架构，并且中高端消费者都会更换产品。因为高质量带来的高边际利润相对于低价格高销售量能给制造商带来更多的利润。

总之，当折扣因子大时，如果第二代核心系统质量不高，销售量的增加相对于边际利润的提高能给制造商带来更多的利润；如果第二代核心系统质量不低，则反之，边际利润更重要。

第八节　研究结论与管理启示

本章研究了在静态定价和没有以旧换新情况下，耐用品该如何设计架构的问题。研究发现：

(1)当产品是模块化架构和第二代核心系统质量提升得不高时，制造商倾向于提升边际利润来增加总利润；质量提升得高时，制造商更愿意降价增加销售量来提高总利润。这说明子系统质量不高，制造商再通过降低价格来提升总利润的做法是不合适的，应该是注重边际利润的提升。反之高质量给了制造商更多的降价空间，可以通过扩大销售量来提升总的利润。

(2)如果第二代核心系统的质量不高时，一体化架构时的价格反而低于模块化时的价格。说明价格的高低除了质量影响外，制造商为了获得更多利润，销售量有时会影响这种价格与质量之间的正相关关系。

(3)当折扣因子处于中间时，制造商应该选择模块化架构，并且兼容性不佳。当折扣因子大，并且第二代核心系统质量不高时，销售量的增加相对于边际利润的提高能给制造商带来更多的利润；如果第二代核心系统质量不低，则反之，边际利润更重要。

(4)当第二代核心系统的质量超过阈值后，无论折扣因子为多少，制造商都应该选择一体化架构。一方面高质量带来的高价格，使得消费者获得的净效用增大，此时一体化架构就比模块化架构更占优势。另一方面消费者购买产品的积极性就大，消费者对更换产品的时间敏感性就降低。

第四章 静态定价、采用以旧换新策略下
耐用品设计策略研究

本章在前一章的基础上把以旧换新的因素加入进来考虑，建立一个垄断制造商的模型。在两阶段期间内，首先，建立和分析模块化架构时的模型。在第二阶段，制造商有两种选择：推出第二代产品和第二代核心系统；只推出第二代核心系统。其次建立和分析一体化架构时的模型。再次，比较和分析这两种架构下的最优价格和与没有以旧换新时的最优价格比较。最后，比较这两种架构下的最优利润，得到什么条件下选择什么样的产品架构的结论。

第一节 产品定价的假设

制造商采用静态定价的方式，在第一阶段就确定好所有产品的价格。当产品是模块化架构时，假设基础系统的价格为p_{mstmb}，核心系统的价格为p_{mstmc}。第一、二代产品的价格就是$p_{mstm} = p_{mstm1} = p_{mstm2} = p_{mstmb} + p_{mstmc}$。当产品是一体化架构时，与模块化的定价是一样的，第一、二代产品的价格为$p_{msti} = p_{msti1} = p_{msti2}$。

当制造商推出以旧换新的政策时，第二代产品将面向没有购买第一代产品的消费者销售，这类消费者购买第二代产品的价格为$p_{mstm} = p_{mstmb} + p_{mstmc}$；已经购买了第一代产品的消费者进行模块化升级产品，升级价格（Upgrading Pricing，Kornish，2001，Fudenberg，1998）为$p_{mstmcu} = \lambda\, p_{mstmc}$，其中$\lambda$表示第二代核心系统的价格折扣率，$\lambda \in [0, 1]$。产品是一体化架构时，购买了第一代产品的消费者更换成第二代产品时的升级价格为$p_{mstiu} = \lambda\, p_{msti2}$。

第二节 消费者的假设

假设消费者对产品质量的偏好为θ，θ在$[0, 1]$上服从一致均匀分布。当消费者购买质量为q_t、价格为p_{mstt}的产品时，其所获得的净效用值为：

40

$$W(q_t, p_{mstt}, \theta) = q_t\theta - p_{mstt} \qquad (4.1)$$

当 $W \geqslant 0$ 时，消费者才会购买该产品。消费者与制造商从使用产品和销售产品中获取的净效用值与收益的贴现比率是一样的，都为 δ，且 $\delta \in (0, 1)$。

假设消费者是短视型消费者（Myopic Consumer），该类型消费者只根据当前的信息作出选择，而不会在作决策时把将来的可能信息考虑在内。

如果产品是模块化架构，购买了第一代产品的消费者获得的净效用为 $q_1\theta - (p_{mstmb} + p_{mstmc})$。制造商推出以旧换新，则购买了第一代产品的消费者模块化升级产品时获得的净效用为 $(1 - \alpha)(\delta q_b + \beta q_c)\theta - p_{mstmcu}$。如果产品是一体化架构，购买了第一代产品的消费者获得的净效用为 $q_1\theta - p_{mstm}$。制造商推出以旧换新时，购买了第一代产品的消费者再更换为第二代产品时获得的净效用为 $q_2\theta - p_{mstiu}$。

第三节　制造商的决策

在有限的两阶段内，制造商的决策有两个层面：一个是战略层面，即制造商需要决定产品的架构；另一个层面是价格的决策。当产品是模块化架构时，制造商除了要制定基础和核心系统的价格为 p_{mstmb} 和 p_{mstmc} 以外，还需要制定第二代核心系统的升级价格为 p_{mstmcu}。当产品是一体化架构时，制造商制定产品的价格为 p_{msti} 和产品的升级价格为 p_{mstiu}。（如图 4-1）。

第四节　消费者的决策

当制造商推出第一代产品时，消费者根据第一代产品的质量和价格作出是否购买的决策。当制造商推出第二代产品和以旧换新时，没有购买第一代产品的消费者要作出是否购买第二代产品的决策，购买了第一代产品的消费者要决定是否模块化升级产品。如图 4-1 所示。

消费者在作出购买产品的决策时，其需要在当前的几个选择中进行比较，并从这些选项中选择剩余效用最大的那个选项。当消费者面对两个选项的剩余效用没有差别时，把这类消费者称之为边际消费者（Marginal Consumers），记为 θ_{mstmj}，其中 $j \in \{1, 2, 3, 4\}$。这样可以得到表 4-1。

其中，假设 $A = q_1$，$B = (1 - \alpha)q_2$，$D = (1 - \alpha)(\delta q_b + \beta q_c) - \delta q_1$，$C = (1 - \alpha)q_2 - \delta q_1$。根据前面质量的假设，A—C 的质量都是大于零的。为了讨论问题的方便性和不失一般性，我们假设 $A = q_1 = 1$，$q_b = q_c$。

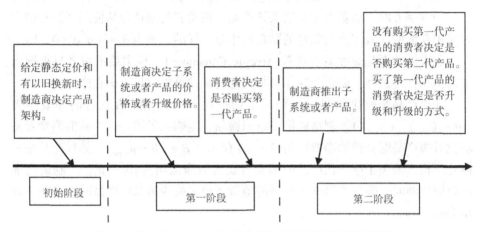

图 4-1　静态定价和以旧换新时制造商和消费者决策时间轴

表 4-1　　　　　　　　　　静态定价和有以旧换新时边际消费者

	不购买产品	购买第二代产品
购买第一代产品	$\theta_{mstm1} = \dfrac{p_{mstmb} + p_{mstmc}}{q_1}$	
购买第二代产品	$\theta_{mstm4} = \dfrac{p_{mstmb} + p_{mstmc}}{(1 - \alpha) q_2}$	
购买第一代产品再模块化升级	$\theta_{mstm3} = \dfrac{p_{mstmcu}}{(1 - \alpha)(\delta q_b + \beta q_c) - \delta q_1}$	$\theta_{mstm2} = \dfrac{p_{mstmb} + p_{mstmc} - p_{mstmcu}}{(1 - \alpha) q_2 - \delta q_1}$

第五节　模块化架构的分析

在这种产品架构中，制造商可以选择推出第二代产品和第二代核心系统或者只推出第二代核心系统。

当制造商同时推出第二代产品和第二代核心系统时，第一阶段消费者可以选择是购买第一代产品还是不购买。$\theta \geqslant \theta_{mstm1}$ 的消费者会购买第一代产品。

第二阶段有两类消费者会购买产品：一类是消费者购买了第一代产品。这类消费者有的会把核心系统以旧换新：$\theta \geqslant \theta_{mstm1}$（购买第一代产品）、$\theta \leqslant \theta_{mstm2}$（不升级优于整体更换）和 $\theta \geqslant \theta_{mstm3}$（模块化升级优于不升级），即：

$$\theta \in \left[\max\{\theta_{mstm1},\ \theta_{mstm3}\},\ \theta_{mstm2}\right] \tag{4.2}$$

另一类是没有购买第一代产品的消费者。这类消费者会购买第二代产品的条件为 $\theta \leqslant \theta_{mstm1}$（没有买第一代产品）和 $\theta \geqslant \theta_{mstm4}$（买第二代产品比不买要好），即：

$$\theta \in \left[\theta_{mstm4},\ \theta_{mstm1}\right] \tag{4.3}$$

这样存在两种情况：第一种，没有购买第一代产品的消费者会购买第二代产品，即：

$$1 = \theta_{mstm2},\ 1 \geqslant \theta_{mstm3},\ \theta_{mstm3} \geqslant \theta_{mstm1},\ \theta_{mstm1} \geqslant \theta_{mstm4} \tag{4.4}$$

这时，第一代产品的销售量为 $D_{mstm1} = 1 - \theta_{mstm1}$，第二代产品的销售量为 $D_{mstm2} = \theta_{mstm1} - \theta_{mstm4}$，第二代核心系统的销售量为 $D_{mstmm} = 1 - \theta_{mstm3}$。制造商的利润函数式为：

$$\Pi^1_{MSTM} = \max_{p_{mstmb1},\ p_{mstmc1}} (p_{mstmb1} + p_{mstmc1}) D_{mstm1} + \delta\big[(p_{mstmb1} + p_{mstmc1}) D_{mstm2} +$$
$$p_{mstmcu1} D_{mstmm}\big] \tag{4.5}$$

$$\text{s. t.} \begin{cases} \theta_{mstm2} = 1 \\ 1 \geqslant \theta_{mstm3} \\ \theta_{mstm3} \geqslant \theta_{mstm1} \\ \theta_{mstm1} \geqslant \theta_{mstm4} \\ p_{mstmb1},\ p_{mstmc1} > 0 \end{cases}$$

命题 4.1 当制造商静态定价、推以旧换新和产品是模块化架构，$B > A > D + C$、$\lambda > D$ 和 $-A(B + B\delta - 2C\delta) + B(2C + D + D\delta) > 0$ 时，制造商同时推出第二代产品和第二代核心系统的最优价格为：

$$p^*_{mstmb1} = -\frac{CD - AC\lambda}{(A - D)\lambda},\ p^*_{mstmc1} = \frac{CD}{(A - D)\lambda} \text{ 时,}$$

所有购买了第一代产品的消费者都会模块化升级产品。

证明：证明的部分见附录。

制造商推出以旧换新政策刺激销售。所有购买了第一代产品的消费者都会把核心系统更换成第二代。因为足够低的价格使得消费者不会选择不升级产品或者更换成第二代产品，吸引中高端消费者全部模块化升级产品。

第二种，制造商不推出第二代产品，即：

$$1 \geqslant \theta_{mstm3},\ \theta_{mstm3} \geqslant \theta_{mstm1} \tag{4.6}$$

这时，第一代产品的销售量为 $D_{mstm1} = 1 - \theta_{mstm1}$，第二代核心系统的销售量为 $D_{mstmm} = 1 - \theta_{mstm3}$。制造商的利润函数式为：

$$\Pi^2_{MSTM} = \max_{p_{mstmb2},\ p_{mstmc2}} (p_{mstmb2} + p_{mstmc2}) D_{mstm1} + \delta\lambda\, p_{mstmc2} D_{mstmm} \qquad (4.7)$$

$$\text{s.t.} \begin{cases} D \geqslant \lambda p_{mstmc2} \\[2mm] \lambda\, p_{mstmc2} \geqslant \dfrac{D}{A}(p_{mstmb2} + p_{mstmc2}) \\[2mm] p_{mstm2},\ p_{mstmc2} > 0 \end{cases}$$

命题 4.2　当制造商静态定价、推以旧换新和产品是模块化架构，并且不推出第二代产品，$B \geqslant A$ 和 $\lambda > D$ 时，最优价格为：

$$p^*_{mstmb2} = -\frac{D - A\lambda}{2\lambda},\quad p^*_{mstmc2} = \frac{D}{2\lambda}\ \text{时，}$$

所有购买了第一代产品的消费者都会模块化升级产品。

证明：证明的部分见附录。

推论 4.1　当制造商静态定价、产品是模块化架构、无论第二阶段是否推出第二代产品，$B > 1 = A > D + C$、$\lambda > D$ 和 $-A(B + B\delta - 2C\delta) + B(2C + D + D\delta) > 0$ 时，

$p^*_{msnmb1} > p^*_{mstmb1}$，并且 $\dfrac{p^*_{msnmb1}}{p^*_{mstmb1}}$ 是关于 λ 的减函数

$p^*_{msnmb2} > p^*_{mstmb2}$，并且 $\dfrac{p^*_{msnmb2}}{p^*_{mstmb2}}$ 是关于 λ 的减函数

$p^*_{msnmc1} = p^*_{mstmcu1} = \lambda\, p^*_{mstmc1}$，$p^*_{msnm1} = p^*_{mstm1}$

$p^*_{msnmc2} = p^*_{mstmcu2} = \lambda\, p^*_{mstmc2}$，$p^*_{msnm2} = p^*_{mstm2}$

证明：证明的部分见附录。

推论 4.1 中可以发现一些有趣的结论：无论制造商是否推出以旧换新的政策，产品的价格是相同的，并且没有推以旧换新的核心系统的价格要低于推以旧换新时的价格，基础系统的价格随之变化。这是因为，没有推以旧换新时的核心系统的是一个价格，它所对应的销售量是第一、二代产品和模块化升级时的第二代核心系统。而推以旧换新后，核心系统针对第二阶段消费者是否模块化升级产品制定了两种价格：升级价格和非升级价格，这样非升级价格所对应的销售量是第一、二代产品的销售量，其小于不推以旧换新时的销售量，所以价格反而更高。

两代产品所面对的消费者是一样的，都是当期没有购买产品的消费者，因此价格也是一样的。这样基础模块的价格没有推以旧换新时高于推以旧换新时的价格。

推论4.2 当制造商静态定价、推以旧换新和产品是模块化架构，$B > 1 = A > D + C$、$\lambda > D$、$-A(B + B\delta - 2C\delta) + B(2C + D + D\delta) > 0$和$q_b = q_c = 0.5$时，

$$
\begin{cases}
p_{mstmb2}^* < p_{mstmb1}^*, \ p_{mstmc2}^* < p_{mstmc1}^* & \text{当} \ \lambda \in \left[0, \ \dfrac{(1+\alpha)(1-\delta)}{2} \right] \text{时} \\[2em]
p_{mstmb2}^* \geqslant p_{mstmb1}^*, \ p_{mstmc2}^* \geqslant p_{mstmc1}^* & \text{当} \begin{cases} \lambda \in \left(\dfrac{(1+\alpha)(1-\delta)}{2}, \ 1 \right] \\[1em] \beta \in \left[\dfrac{1+\alpha}{1-\alpha}, \ \dfrac{\delta(1+\alpha)+2\lambda}{1-\alpha} \right] \end{cases} \text{时} \\[3em]
p_{mstmb2}^* < p_{mstmb1}^*, \ p_{mstmc2}^* < p_{mstmc1}^* & \text{当} \begin{cases} \lambda \in \left(\dfrac{(1+\alpha)(1-\delta)}{2}, \ 1 \right] \\[1em] \beta \in \left(\dfrac{\delta(1+\alpha)+2\lambda}{1-\alpha}, \ \dfrac{\delta(1+\alpha)+2}{1-\alpha} \right) \end{cases} \text{时}
\end{cases}
$$

证明：证明的部分见附录。

如果以旧换新的价格折扣率不高$\left(\lambda \in \left[0, \ \dfrac{(1+\alpha)(1-\delta)}{2} \right] \right)$时，制造商就会通过销售量的增加来提升总利润。由于推出第二代产品时，制造商覆盖了低中高端的消费者，此时的销售量大于不推第二代产品时的销售量，因此制造商不会把价格定得很低。反过来不推第二代产品时，为了扩大销售量，制造商会把价格定得很低。

如果以旧换新的价格折扣率高时，第二代核心系统的质量会影响这两种销售策略的定价。

当第二代核心系统的质量提升度不高$\left(\beta \in \left[\dfrac{1+\alpha}{1-\alpha}, \ \dfrac{\delta(1+\alpha)+2\lambda}{1-\alpha} \right] \right)$时，消费者在第二阶段模块化升级产品的意愿就不强，低端消费者可以接受的价格就低，而中高端消费者则能接受更高的价格。此时，通过降价提升销售量从而增加整体利润的空间小，制造商会选择通过提升价格增加边际利润的手段来增加整体利润。因此，此时制造商不推第二代产品下的价格高于推时的价格。

当第二代核心系统的质量提升度高$\left(\beta \in \left(\dfrac{\delta(1+\alpha)+2\lambda}{1-\alpha}, \ \dfrac{\delta(1+\alpha)+2}{1-\alpha} \right) \right)$时，产品的降价空间大了，制造商可以通过降低价格扩大销售量来增加整体利润。而在制造商推出第二代产品的情况下，由于低端消费者可以购买第二代产品，销售量不低，制造商降价的动力也就不足。当制造商不推出第二代产品

时，由于低端消费者买不到产品，销售量低，制造商为了扩大销售量提升总利润也就选择了降低价格。因此，制造商不推第二代产品时的价格反而比推时更低。

总之，当产品是模块化架构，以旧换新价格折扣率小时，制造商通过销售量的扩大获得更多利润。如果以旧换新价格折扣率不小，当第二代核心系统质量提升得不高时，制造商倾向于提升边际利润来增加总利润；质量提升得高时，制造商更愿意降价增加销售量来提高总利润。

第六节　一体化架构的分析

制造商采用一体化架构设计时，在这种产品架构下，第一阶段消费者可以选择是购买第一代产品还是不购买。当 $\theta \geq \theta_{msti1}$（其中，$\theta_{msti1} = \dfrac{p_{msti}}{q_1}$）时，消费者会购买第一代产品。

第二阶段有两类消费者：一类是没有购买第一代产品的消费者。如果这类消费者的偏好满足条件：$\theta \leq \theta_{msti1}$（没有购买第一代产品）和 $\theta \geq \theta_{msti2}$（其中，$\theta_{msti2} = \dfrac{p_{msti}}{q_2}$，令 $B_I = q_2$）（购买第二代产品不差于不购买）。则这类消费者会购买第二代产品。

另一类是购买了第一代产品的消费者。当满足条件：$\theta \geq \theta_{msti1}$ 和 $\theta \geq \theta_{msti3}$（其中，$\theta_{msti3} = \dfrac{\lambda\, p_{msti}}{q_2 - \delta\, q_1}$，令 $E_I = q_2 - \delta q_1$）（整体更换产品比不更换要好）时，这部分消费者选择整体更换产品，即：

$$\theta \in \left[\, \max\{\theta_{msti1},\ \theta_{msti3}\},\ 1 \right] \tag{4.8}$$

因此，当购买了第一代产品的消费者中一部分更换成第二代产品时，边际消费者要满足条件：$1 \geq \theta_{msti3}$，$\theta_{msti3} \geq \theta_{msti1}$，$\theta_{msti1} \geq \theta_{msti2}$。这时，第一代产品的销售量为 $D_{msti1} = 1 - \theta_{msti1}$，第二代产品的销售量为 $D_{msnt2} = \theta_{msti1} - \theta_{msti2}$，以旧换新的第二代产品的销售量为 $D_{msntu} = 1 - \theta_{msti3}$。制造商的利润函数式为：

$$\Pi_{MSTI} = \max_{p_{msti}} p_{msti} D_{msti1} + \delta(p_{msti} D_{msnt2} + \lambda\, p_{msti} D_{msntu}) \tag{4.9}$$

$$\text{s.t.} \begin{cases} 1 \geq \theta_{msti3} \\ \theta_{msti3} \geq \theta_{msti1} \\ \theta_{msti1} \geq \theta_{msti2} \\ p_{msti} > 0 \end{cases} \quad (\text{其中}\ \theta_{msti1} \geq \theta_{msti2}\ \text{肯定成立})$$

命题4.3 当制造商静态定价、推以旧换新和产品是一体化架构，$A \geqslant E_I$ 时，一部分购买了第一代产品的消费者以最优价格：

$$p_{msti}^* = \frac{A B_I E_I (1 + \delta\lambda)}{2(A E_I \delta + B_I (E_I - E_I \delta + A\delta\lambda^2))}$$

整体更换成第二代产品。并且，当 $A > E_I$ 时，购买了第一代产品的消费者只有部分更换产品；当 $A = E_I$ 时，购买了第一代产品的消费者会全部更换产品。

证明：证明的部分见附录。

推论4.3 当制造商静态定价和推以旧换新，$A \geqslant E_I$，$B > 1 = A > D + C$、$\lambda > D$、$-A(B + B\delta - 2C\delta) + B(2C + D + D\delta) > 0$ 和 $q_b = q_c = 0.5$ 时，模块化架构和一体化架构的价格和利润之间存在如下大小关系：

$$\begin{cases} p_{mstm2}^* \geqslant p_{msti}^* & \text{当}\beta \in \left[1, \dfrac{\delta + \delta\lambda + \lambda^2 - \lambda}{1 + \lambda} + \right. \\ \left. \dfrac{\sqrt{-4\delta(1 + \lambda) + (-1 - \delta - \delta\lambda - \lambda^2)^2}}{1 + \lambda}\right] \text{时} \\ p_{mstm2}^* < p_{msti}^* & \text{当}\beta \in \left(\dfrac{\delta + \delta\lambda + \lambda^2 - \lambda}{1 + \lambda} + \right. \\ \left. \dfrac{\sqrt{-4\delta(1 + \lambda) + (-1 - \delta - \delta\lambda - \lambda^2)^2}}{1 + \lambda}, +\infty\right) \text{时} \end{cases}$$

当 $\delta = 1$ 时，

$$p_{msti}^* > p_{msni}^*, \quad \begin{cases} p_{mstiu}^* \geqslant p_{msni}^* & \text{当}\beta \in [1, 1 + \lambda] \text{时} \\ p_{mstiu}^* < p_{msni}^* & \text{当}\beta \in (1 + \lambda, +\infty) \text{时} \end{cases}$$

$$p_{msti}^* \geqslant p_{mstm1}^*, \quad \Pi_{MSTI}^* \geqslant \Pi_{MSTM}^{1*},$$

$$\begin{cases} \Pi_{MSTI}^* \geqslant \Pi_{MSTM}^{2*} & \text{当}\beta \in \left[\dfrac{\alpha + 2\lambda + 2\lambda^2 - \alpha\lambda^2}{\alpha + 2\lambda + \alpha\lambda^2}, +\infty\right) \text{时} \\ \Pi_{MSTI}^* < \Pi_{MSTM}^{2*} & \text{当}\beta \in \left[1, \dfrac{\alpha + 2\lambda + 2\lambda^2 - \alpha\lambda^2}{\alpha + 2\lambda + \alpha\lambda^2}\right) \text{时} \end{cases}$$

证明：证明的部分见附录。

推论4.1中大部分结论与推论4.3中的结论类似，这里不再阐述理由。有趣的是产品是一体化架构和非常耐用时，制造商不推以旧换新和推以旧换新下产品的价格并不一定是前者大于后者。推以旧换新时两代产品的价格大于不推时的价格（$p_{msti}^* > p_{msni}^*$）。这是因为，前者的产品销售量低于后者（包括了更换产品)。当第二代核心系统的质量不高($\beta \in [1, 1+\lambda]$)时,推以旧换新的升级价格高于不推时的价格。因为这时通过以旧换新来压低价格扩大销售量所增加的总利润不如维持一定的边际利润从而增加的总利润来得多;当第二代核心系统的质量高($\beta \in (1+\lambda, +\infty)$)时,产品有更大的降价空间,制造商更愿意通过以旧换新降低更换产品的门槛,扩大销量,从而获得更多的总利润。所以此时推以旧换新的升级价格低于不推时的价格。

综合前面的结论和推论,我们可以得到:无论是否有以旧换新政策,当消费者是短视型和制造商静态定价时,相对于一体化架构的产品,当第二代核心系统质量不高时,价格(边际利润)对总利润的影响大于销售量对其的影响,制造商会稳定价格;当第二代核心系统质量高时,则反之,制造商会为了扩大销售量而降低价格。

另一点,无论是否有以旧换新政策,当消费者是短视型和制造商静态定价时,产品是模块化架构,所有购买了第一代产品的消费者会全部更换产品;产品是一体化架构,则当 $A > E_l$ 时,购买了第一代产品的消费者只有部分更换产品;当 $A = E_l$ 时,购买了第一代产品的消费者会全部更换产品。

第七节 数 值 分 析

这一部分我们将用数值的方法分析参数 α、β、δ 对制造商最优利润影响的趋势,即把模块化架构与一体化架构下的最优利润相比较,得到在什么条件下制造商选择什么样的产品架构的结论。

在这里,同样 $\alpha \in [0, 0.3]$,$\delta \in [0.5, 1]$,$\beta \in [1, 5]$,$\lambda \in [0, 1]$ 和 $q_b = q_c = 0.5$。下面的数值实验除开特别说明外都是依据上面的参数值进行的分析,并且横轴表示 δ,纵轴表示 α。具体如图4-2至图4-10所示。

从图4-2至图4-4可以看到,当第二代核心系统的质量没有提高,折扣因子很大时,无论以旧换新的价格折扣率是多少,制造商应该选择一体化架构。因为消费者更换产品的积极性不高,而且希望能获得质量更佳的一体化产品。

如果以旧换新价格折扣率很低(图4-3和图4-4),折扣因子低和一定的不兼容性存在时,制造商将选择模块化架构。因为这时消费者更换(升级)产品的动力大,低折扣率带来了较大的销售量,但这反而侵蚀了制造商的总利润,制造商应该选择存在适度不兼容性的模块化架构。

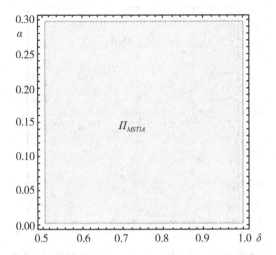

图 4-2　$\beta=1$，$\lambda \in (0.37, 1]$，δ 和 α 对利润的影响

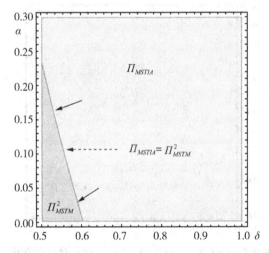

图 4-3　$\beta=1$，$\lambda \in [0.25, 0.37]$，δ 和 α 对利润的影响

　　如果以旧换新价格折扣率很低(图 4-4)，当折扣因子小和兼容性不是很差时，制造商选择一体化架构(与图 4-3 相反)。因为以旧换新价格折扣率很低，需要升级(更换)产品的消费者就会更多，从而拉低了子系统的价格，使得基础系统的价格(命题 4-2)降到零以下，这是不可能存在的，所以这时制造商应该选择一体化架构。

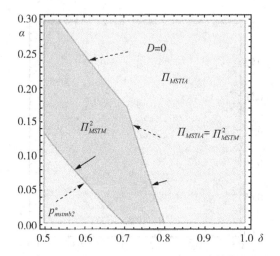

图 4-4 $\beta=1$，$\lambda \in (0, 0.25)$，δ 和 α 对利润的影响

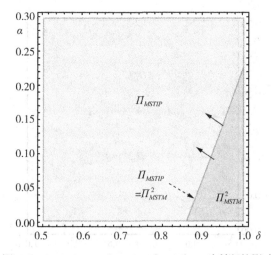

图 4-5 $\beta=1.5$，$\lambda \in [0.75, 1]$，δ 和 α 对利润的影响

　　总之，从图 4-3 和图 4-4 可以观察到，当核心系统没有改进和以旧换新价格折扣率低时，随着以旧换新的价格折扣率变小，制造商在面对更大折扣因子时应该选择模块化架构，有一定的不兼容性。以旧换新降低了产品的兼容性。以旧换新价格折扣率低，虽然提高了销售量，但是降低了边际利润，从而侵蚀了总利润。

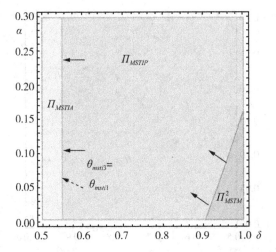

图 4-6 $\beta=1.5$, $\lambda \in (0.5, 0.75)$, δ 和 α 对利润的影响

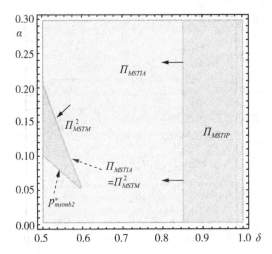

图 4-7 $\beta=1.5$, $\lambda \in (0.25, 0.5]$, δ 和 α 对利润的影响

从图 4-5 至图 4-8 可以观察到，当第二代核心系统的质量有一定的提高和折扣因子大时，如果以旧换新价格折扣率高，则价格会相对高，边际利润大，销售量低，制造商可以在兼容性不超过阈值下选择模块化架构；如果以旧换新价格折扣率低，则反之，制造商选择一体化架构。这说明以旧换新价格折扣率对一体化架构时的利润是正向影响。

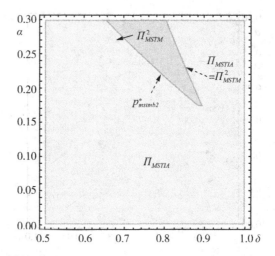

图4-8　$\beta=1.5$，$\lambda\in(0,0.25]$，δ 和 α 对利润的影响

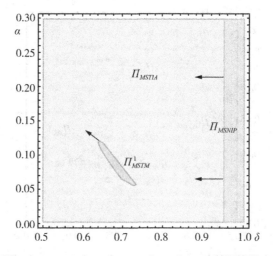

图4-9　$\beta=2.5$，$\lambda\in[0.7,1]$，δ 和 α 对利润的影响

　　从图4-7和图4-8可以观察到，小的以旧换新价格折扣率，在小折扣因子情况下，制造商选择有一定不兼容性的模块化架构的产品。因为高以旧换新价格折扣率降低了价格，提高了销售量，但总体利润受到损失。有趣的是，随着以旧换新价格折扣率的加大，产品需要有一定的不兼容性，并且不兼容性随之增加，折扣因子也增大。这是因为一方面以旧换新价格折扣率低，降低了一体

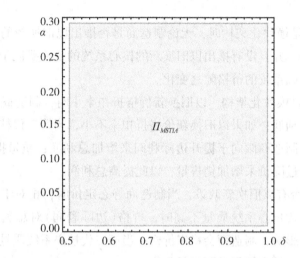

图 4-10 $\beta=2.5$, $\lambda \in (0, 0.7)$ 和 $\beta \in [3, 4.5]$, $\lambda \in (0, 1]$, δ 和 α 对利润的影响

化架构的边际利润，侵蚀了总利润，另一方面模块化的价格不能再降低（p^{*}_{mstmb2}）。如果以旧换新价格折扣率不小（图 4-5 和图 4-6），则折扣因子大时，随着以旧换新价格折扣率的加大，制造商更偏向于一体化架构。

总之，如果以旧换新价格折扣率不小，以旧换新可以提高产品兼容性；如果以旧换新的力度大，则其便降低了产品兼容性。

从图 4-9 可以知道，当第二代核心系统再进一步提高质量时，如果以旧换新价格折扣率不小，则价格不会低，销售量也不会增加很多。而当折扣因子低时，消费者购买产品的欲望就强，销售量对总利润的影响更大，因此制造商在折扣因子不高时，会选择有一定不兼容性的模块化架构。随着以旧换新价格折扣率的加大，兼容性在提高，折扣因子在增加。

如果以旧换新价格折扣率低和第二代核心系统的质量足够高时，制造商在无论折扣因子和兼容性为多少时，都会选择一体化架构（图 4-10）。因为只有足够高的质量才能支撑高价格，并且以旧换新折扣后还有足够的边际利润，同时销售量也增加了，因此总利润也就增加了。

第八节 研究结论与管理启示

本章研究了在静态定价和以旧换新情况下，耐用品该如何设计架构的问题。研究发现：

（1）当产品是模块化架构时，无论制造商是否推出以旧换新的政策，产品的价格是相同的，并且没有推出以旧换新的核心系统的价格要低于推出以旧换新时的价格，基础系统的价格随之变化。

（2）当产品是模块化架构，以旧换新价格折扣率小时，制造商通过销售量的扩大获得更多利润；如果以旧换新价格折扣率不小，当第二代核心系统质量提升得不高时，制造商倾向于提升边际利润来增加总利润；质量提升得高时，制造商更愿意通过降价来增加销售量，以此提高总利润。

（3）无论是否有以旧换新政策，当制造商静态定价时，相对于一体化架构的产品，当第二代核心系统质量不高时，价格（边际利润）对总利润的影响大于销售量对其的影响，制造商会稳定价格；当第二代核心系统质量高时，则反之，制造商会为了扩大销售量而降低价格。

（4）当第二代核心系统没有改进和以旧换新价格折扣率低时，随着以旧换新价格折扣率的加大，制造商在更大折扣因子时应该选择模块化架构，有一定的不兼容性。以旧换新降低了产品的兼容性。当第二代核心系统的质量有一定的提高和折扣因子大时，如果以旧换新价格折扣率高，则制造商可以在兼容性不超过阈值下选择模块化架构。随着以旧换新价格折扣率变小，产品需要有一定的不兼容性，并且不兼容性随之增加，折扣因子也增大。

（5）如果以旧换新价格折扣率不小，以旧换新可以提高产品兼容性；如果以旧换新的力度大，则以旧换新降低产品兼容性。

第五章　动态定价、不采用以旧换新策略下耐用品设计策略研究

本章主要考虑动态定价和无以旧换新时的产品设计问题，为此建立了一个垄断制造商的模型。在两阶段期间内，首先建立和分析模块化架构时的模型。在第二阶段，制造商有两种选择：推出第二代产品和第二代核心系统；只推出第二代核心系统。把这两种方式的最优价格进行比较，也与静态定价、无以旧换新时的最优价格进行比较。其次建立和分析一体化架构时的模型，有两种情况：一种是没买第一代产品的消费者可以买到第二代产品；另一种是，没买第一代产品的消费者买不到第二代产品。然后比较这两种情况下的价格。最后比较这两种架构下的最优利润，得到什么条件下选择什么样的产品架构的结论。

第一节　产品定价的假设

由于制造商可以通过多种手段(比如问卷调查和统计分析的方法)获取到市场上的信息(消费者对产品的偏好分布)。制造商根据这些信息为新产品制定新的价格，这就是动态定价方式(Dynamic Pricing)。如果制造商不推出以旧换新和产品设计是模块化架构时，第一代产品的价格为 $p_{mdnmb1} + p_{mdnmc1}$ ，第二代产品的价格为 $p_{mdnmb2} + p_{mdnmc2}$ ，其中模块化升级时的第二代核心系统的价格为 p_{mdnmc2} ；如果制造商不推出以旧换新和产品设计是一体化架构时，第一代产品的价格为 p_{mdni1} ，第二代产品的价格为 p_{mdni2} 。

第二节　消费者的假设

假设消费者对产品质量的偏好为 θ ，θ 在 $[0, 1]$ 上服从一致均匀分布。当消费者购买质量为 q_t、价格为 p_t 的产品时，其所获得的净效用值为：

$$W(q_t, p_t, \theta) = q_t\theta - p_t \tag{5.1}$$

当 $W \geqslant 0$ 时，消费者才会购买该产品。在每一阶段内，消费者与制造商从使用产品和销售产品中获取的净效用值与收益的贴现比率是一样的，都为 δ ，

且 $\delta \in (0,1)$。

消费者是近视型消费者（Myopic Consumer）。当制造商推出第一代产品时，消费者根据第一代产品的质量和价格作出是否购买的决策。

如果产品是模块化架构，购买第一代产品的消费者获得的净效用为 $q_1\theta - (p_{mdnmb1} + p_{mdnmc1})$。制造商不推出以旧换新时，购买第二代产品的消费者获得的净效用为 $(1-\alpha)q_2\theta - (p_{mdnmb2} + p_{mdnmc2})$，购买了第一代产品的消费者在模块化升级产品时获得的净效用为 $(1-\alpha)(\delta q_b + \beta q_c)\theta - p_{mdnmc2}$。如果产品是一体化架构时，购买第一代产品的消费者获得的净效用为 $q_1\theta - p_{mdni1}$。制造商不推出以旧换新时，购买了第一代产品的消费者再更换为第二代产品时获得的净效用为 $q_2\theta - p_{mdni2}$。

第三节　制造商的决策

在有限的两阶段内，制造商要作两个层面的决策：战略层面，制造商决定产品的架构；价格层面，制造商决定基础和核心系统的价格，第一、二代产品的价格。

制造商采用动态定价和不推出以旧换新政策。第一阶段，如果产品是模块化架构的，则制造商要决定第一代基础系统和核心系统的价格 p_{mdnmb1} 和 p_{mdnmc1}。如果是一体化架构的产品，则制造商要决定第一代产品的价格 p_{mdni1}。第二阶段，如果产品是模块化架构的，则制造商要决定基础和核心系统的价格 p_{mdnmb2} 和 p_{mdnmc2}。如果是一体化架构的产品，则制造商要决定第二代产品的价格 p_{mdni2}，如图5-1所示。

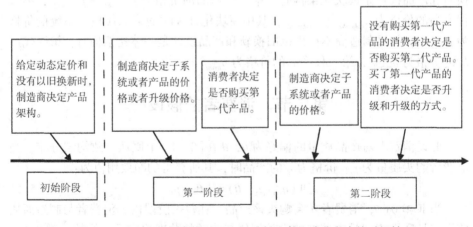

图 5-1　动态定价和没有以旧换新时制造商和消费者决策时间轴

第四节　消费者的决策

当制造商推出第二代产品和没有以旧换新时，没有购买第一代产品的消费者要作出是否购买第二代产品的决策，购买了第一代产品的消费者要决定是否升级产品。（图5-1）

消费者在作出购买产品的决策时，其需要在当前的几个选择中进行比较，从这些选项中选择剩余效用最大的那个选项。当消费者面对两个选项的剩余效用没有差别时，把这类消费者称之为边际消费者（Marginal Consumers），记为 θ_{mdnmj}，其中 $j \in \{1, 2, 3, 4\}$。这样可以得到表5-1。

其中，假设 $A = q_1$，$B = (1-\alpha)\,q_2$，$C = (1-\alpha)\,q_2 - (1-\alpha)(\delta q_b + \beta q_c)$，$D = (1-\alpha)(\delta q_b + \beta q_c) - \delta q_1$，$E = (1-\alpha)\,q_2 - \delta q_1$。

表 5-1　　　　　　　　　　动态定价和没有以旧换新时边际消费者

	不购买产品	购买第二代产品
购买第一代产品	$\theta_{mdnm1} = \dfrac{p_{mdnmb1} + p_{mdnmc1}}{q_1}$	
购买第二代产品	$\theta_{mdnm4} = \dfrac{p_{mdnmb2} + p_{mdnmc2}}{(1-\alpha)\,q_2}$	
购买第一代产品再模块化升级	θ_{mdnm3} $= \dfrac{p_{mdnmc2}}{(1-\alpha)(\delta q_b + \beta q_c) - \delta q_1}$	θ_{mdnm2} $= \dfrac{p_{mdnmb2}}{(1-\alpha)\,q_2 - (1-\alpha)(\delta q_b + \beta q_c)}$

第五节　模块化架构的分析

在这种产品架构中，制造商可以选择推出第二代产品和第二代核心系统或者只推出第二代核心系统。

当制造商同时推出第二代产品和第二代核心系统时，第一阶段消费者可以选择是购买第一代产品还是不购买。$\theta \geqslant \theta_{mdnm1}$ 的消费者会购买第一代产品。

第二阶段有两类消费者：一类是购买了第一代产品的消费者。当满足条件：$\theta \geqslant \theta_{mdnm1}$（购买了第一代产品）、$\theta \leqslant \theta_{mdnm2}$（模块化升级比整体更换产品更好) 和 $\theta \geqslant \theta_{mdnm3}$(模块化升级比不升级要好) 时，这部分消费者选择模块化升级产品，即：

$$\theta \in [\max\{\theta_{mdnm1}, \theta_{mdnm3}\}, \theta_{mdnm2}] \tag{5.2}$$

另一类是没有购买第一代产品的消费者。如果这类消费者的偏好满足条件：$\theta \leqslant \theta_{mdnm1}$(没有购买第一代产品) 和 $\theta \geqslant \theta_{mdnm4}$(购买第二代产品不差于不购买)。则这类消费者会购买第二代产品，即：

$$\theta \in [\theta_{mdnm4}, \theta_{mdnm1}] \tag{5.3}$$

这样存在两种情况：第一种，没有购买第一代产品的消费者会购买第二代产品，即：

$$1 = \theta_{mdnm2}, \quad 1 \geqslant \theta_{mdnm3}, \quad \theta_{mdnm3} \geqslant \theta_{mdnm1}, \quad \theta_{mdnm1} \geqslant \theta_{mdnm4} \tag{5.4}$$

这时，第一代产品的销售量为 $D_{mdnm1} = 1 - \theta_{mdnm1}$，第二代产品的销售量为 $D_{mdnm2} = \theta_{mdnm1} - \theta_{mdnm4}$，第二代核心系统的销售量为 $D_{mdnmm} = 1 - \theta_{mdnm3}$。

制造商第二阶段的利润函数式为：

$$\Pi^1_{MDNM2} = \max_{p_{mdnmsb2}, p_{mdnmsc2}} (p_{mdnmsb2} + p_{mdnmsc2}) D_{mdnm2} + p_{mdnmsc2} D_{mdnmm} \tag{5.5}$$

$$\text{s.t.} \begin{cases} 1 = \theta_{mdnm2} \\ 1 \geqslant \theta_{mdnm3} \\ \theta_{mdnm3} \geqslant \theta_{mdnm1} \\ \theta_{mdnm1} \geqslant \theta_{mdnm4} \\ p_{mdnmsb2}, \ p_{mdnmsc2} > 0 \end{cases}$$

制造商总的利润为：

$$\Pi^1_{MDNM} = \max_{p_{mdnmbs1}, p_{mdnmcs1}} (p_{mdnmbs1} + p_{mdnmcs1}) D_{mdnm1} + \delta \Pi^1_{MDNM2} \tag{5.6}$$

$$\text{s.t.} \ p_{mdnmsb1}, \ p_{mdnmsc1} > 0$$

命题 5.1 当制造商动态定价、不推出以旧换新、产品是模块化架构和推出第二代产品，$B \geqslant A$、$2A^2(B + D) - BC\delta + A[4C + B(-3 + 2C\delta + D\delta)] > 0$ 和 $BC\delta - 2A^2D(1 + 2C\delta + D\delta) + A(B - 4C + BD\delta) < 0$ 时，最优价格为：

$$p^*_{mdnms1} = \frac{BC\delta + A(B + BD\delta - 2CD\delta)}{2\{AD^2\delta + B[1 + (-1 + A)D\delta]\}}$$

$$p^*_{mdnmsb2} = C, \quad p^*_{mdnmsc2} = \frac{D[BC\delta + A(B + BD\delta - 2CD\delta)]}{2\{AD^2\delta + B[1 + (-1 + A)D\delta]\}} \ \text{时，}$$

所有购买了第一代产品的消费者都会模块化升级产品。

证明：证明的部分见附录。

从命题 5.1 和命题 3.1 的比较可以知道，当消费者是短视型，制造商不推出以旧换新、产品是模块化架构和推出第二代产品时，无论制造商怎么动静态定价，所有购买了第一代产品的消费者都会把核心系统更换成第二代。这是因为，制造商为了吸引低端消费者购买第二代产品，需要将该产品的价格定到足够低，同时由于第二代产品中的一个组成子系统是第二代核心系统，因此第二代核心系统的价格也不会高，这样就刺激中高端消费者都更换为第二代核心系统。

推论 5.1　当制造商动态定价、不推以旧换新、产品是模块化架构和推出第二代产品，$B \geq A$、$2A^2(B + D) - BC\delta + A(4C + B(-3 + 2C\delta + D\delta)) > 0$、$BC\delta - 2A^2D(1 + 2C\delta + D\delta) + A(B - 4C + BD\delta) < 0$，$q_b = q_c = 0.5$ 和 $\delta = 1$ 时，基础系统、核心系统和两代产品价格之间存在如下关系：

$$p^*_{mdnmsc2} > p^*_{mdnmsb2}$$

$$\begin{cases} p^*_{mdnms2} \geq p^*_{mdnms1} & \text{当} \beta \in \left[\dfrac{3 + \alpha}{1 - \alpha}, \ +\infty\right) \text{时} \\ p^*_{mdnms2} < p^*_{mdnms1} & \text{当} \beta \in \left[\dfrac{1 + \alpha}{1 - \alpha}, \dfrac{3 + \alpha}{1 - \alpha}\right) \text{时} \end{cases}$$

证明：证明的部分见附录。

当产品耐用性非常高$(\delta = 1)$ 时，第二代核心系统的价格要高于第二阶段基础系统的价格。这个结论是很明显的，因为核心系统质量优于基础系统。但是有意思的是，第二代产品价格在第二代核心系统质量不高 $\left(\beta \in \left[\dfrac{1 + \alpha}{1 - \alpha}, \dfrac{3 + \alpha}{1 - \alpha}\right)\right)$ 时低于第一代产品。因为，第二阶段制造商不仅需要满足中高端消费者，还需要满足低端消费者，而核心系统质量提升又不大，所以价格不能定得高，而第一代产品只面向中高端消费者，因此才出现第二代产品价格反而低于第一代产品价格的现象。反之，第二代核心系统质量提升足够高，价格可以有更大的提升空间，就算价格更高也能满足低端消费者，所以此时第二代产品价格高于第一代产品价格。

也就是说，就算是消费者的支付意愿低，但是产品如果足够好，制造商也能定很高的价格。

推论 5.2　当制造商不推以旧换新、产品是模块化架构和推出第二代产品，$B \geq 1 = A > D + C$、$2A^2(B + D) - BC\delta + A[4C + B(-3 + 2C\delta + D\delta)] > 0$、$BC\delta - 2A^2D(1 + 2C\delta + D\delta) + A(B - 4C + BD\delta) < 0$、$-A(B + B\delta - 2C\delta) + B(2C + D + D\delta) > 0$、$q_b = q_c = 0.5$ 和 $\delta = 1$ 时，静态定价和动态定价价格之间

存在如下关系：

$$当\ \beta \in \left[\frac{1+\alpha}{1-\alpha}, \frac{3+\alpha}{1-\alpha}\right)\ 时，\begin{cases} p^*_{mdnms1} > p^*_{msnms} \\ p^*_{mdnms2} > p^*_{msnms} \end{cases}$$

证明：证明的部分见附录。

从推论 5.2 可以知道，当质量提升不高$(A > D)$和产品耐用性高$(\delta = 1)$时，动态定价时的价格要大于静态定价时的价格。因为动态定价是制造商依据当时的消费者类型作出的，是一种差异化定价。如果第二代核心系统的质量提升得更高$(A < D)$时，制造商只能使用动态定价。

第二种，制造商不推出第二代产品，即：

$$1 \geqslant \theta_{mdnm3}，\theta_{mdnm3} \geqslant \theta_{mdnm1} \tag{5.7}$$

这时，第一代产品的销售量为$D_{mdnm1} = 1 - \theta_{mdnm1}$，第二代核心系统的销售量为$D_{mdnmm} = 1 - \theta_{mdnm3}$。

制造商第二阶段的利润函数式为：

$$\Pi^2_{MDNM2} = \max_{p_{mdnmnb2}, p_{mdnmnc2}} (p_{mdnmnb2} + p_{mdnmnc2}) D_{mdnm1} + \delta p_{mdnmnc2} D_{mdnmm} \tag{5.8}$$

$$s.t. \begin{cases} D \geqslant p_{mdnmnc2} \\ p_{mdnmnc2} \geqslant D p_{mdnmn1} \\ p_{mdnmn2}, p_{mdnmn2} > 0 \end{cases}$$

制造商总的利润为：

$$\Pi^2_{MDNM} = \max_{p_{mdnmn1}} p_{mdnmn1} D_{mdnm1} + \delta \Pi^2_{MDNM2} \tag{5.9}$$

$$s.t.\ p_{mdnm1} > 0$$

命题 5.2　当制造商动态定价、不推以旧换新、产品是模块化架构和不推出第二代产品，$B \geqslant A$ 和 $D > 0$ 时，最优价格为：

$$p^*_{mdnmn1} = \frac{A}{2}，p^*_{mdnmnc2} = \frac{D}{2}\ 时，$$

所有购买了第一代产品的消费者都会模块化升级产品。

证明：证明的部分见附录。

当制造商不推出第二代产品时，意味着制造商已经放弃低端消费者，而只向中高端消费者销售产品，失去的这部分销售量就需要从中高端消费者中得到。因此，制造商通过价格要让所有购买了第一代产品的消费者都模块化升级产品。

从命题 3.2 与命题 5.2 的比较中，可以发现，当消费者是短视型，制造商不推以旧换新、产品是模块化架构和不推出第二代产品时，无论制造商采用静态定价还是动态定价，产品(系统)的价格是一样的。因为静态定价时制造商是针对可以模块化升级产品的消费者定价，动态定价时也是一样。

制造商不推第二代产品时，两种系统(产品)的大小关系是什么样的呢?

推论5.3　当制造商动态定价、不推以旧换新、产品是模块化架构时，推第二代产品和不推第二代产品的价格之间存在如下关系：

$$p^*_{mdnmsc2} > p^*_{mdnmnc2}; \quad p^*_{mdnms1} > p^*_{mdnmn1}$$

证明：证明的部分见附录。

制造商不推第二代产品时面向的是中高端消费者，此时的价格反而要低于推第二代产品时面向低中高消费者的价格。因为推第二代产品时，低端消费者购买了第二代产品，第二代核心系统的销售量也就低于不推时的销售量，从而使得其价格变高，第一代产品的价格也随之变高。

有趣的是，从推论5.3与推论5.2的比较中，可以发现，动态定价时制造商降价不再受第二代核心系统质量的约束。因为制造商动态定价时不需要像静态定价时，为了追求销售量把价格降得过低后反而对第一阶段的利润产生冲击，这样制造商就有了更大的降价空间。所以与推论5.2比较后发现，动态定价扩大了制造商的降价空间，制造商的降价不再受第二代核心系统质量的约束，制造商更加倾向于通过降价来增加销售量，以此提高总利润。

第六节　一体化架构的分析

制造商采用一体化架构设计时，有两种情况：一种是没有购买第一代产品的消费者可以买到第二代产品；另一种是没有购买第一代产品的消费者买不到第二代产品。

第一种情况。第一阶段消费者可以选择购买第一代产品还是不购买。当 $\theta \geqslant \theta_{mdni1}$ $\left(\text{其中，} \theta_{mdni1} = \dfrac{p_{mdnis1}}{q_1}, \text{ 令} A = q_1\right)$ 时，消费者会购买第一代产品，即：

$$\theta \in [\theta_{mdni1}, 1] \tag{5.10}$$

第二阶段有两类消费者：一类是没有购买第一代产品的消费者。如果这类消费者的偏好满足条件：$\theta \leqslant \theta_{mdni1}$(没有购买第一代产品)和 $\theta \geqslant \theta_{mdni2}$ $\Big($其中，$\theta_{mdni2} = \dfrac{p_{mdnis2}}{q_2}, \text{ 令} B_1 = q_2\Big)$(购买第二代产品不差于不购买)。则这类消费者会购

61

买第二代产品，即：

$$\theta \in [\theta_{mdni2}, \theta_{mdni1}] \tag{5.11}$$

另一类是购买了第一代产品的消费者。当满足条件：$\theta \geqslant \theta_{mdni1}$ 和 $\theta \geqslant \theta_{mdni3}$ $\left(其中，\theta_{mdni3} = \dfrac{p_{mdnis2}}{q_2 - \delta q_1}，令 E_I = q_2 - \delta q_1\right)$（整体更换产品比不更换要好）时，这部分消费者选择整体更换产品，即：

$$\theta \in [\max\{\theta_{mdni1}, \theta_{mdni3}\}, 1] \tag{5.12}$$

当边际消费者要满足条件：$1 \geqslant \theta_{mdni3}$，$\theta_{mdni3} \geqslant \theta_{mdni1}$，$\theta_{mdni1} \geqslant \theta_{mdni2}$ 时，第一代产品的销售量为 $D_{mdni1} = 1 - \theta_{mdni1}$，第二代产品的销售量为：$D_{mdni2} = (\theta_{mdni1} - \theta_{mdni2}) + (1 - \theta_{mdni3})$。制造商第二阶段的利润函数式：

$$\Pi_{MDNI2}^1 = \max_{p_{mdnis2}} p_{mdnis2} D_{mdni2} \tag{5.13}$$

$$\text{s. t.} \begin{cases} 1 \geqslant \theta_{mdni3} \\ \theta_{mdni3} \geqslant \theta_{mdni1} \\ \theta_{mdni1} \geqslant \theta_{mdni2} \\ p_{mdnis2} > 0 \end{cases}$$

制造商第一阶段的利润为：

$$\Pi_{MDNI}^1 = \max_{p_{mdnis1}} p_{mdnis1} D_{mdni1} + \delta \Pi_{MDNI2}^1 \tag{5.14}$$

$$\text{s. t.} \ p_{mdnis1} > 0$$

命题 5.3 当制造商动态定价、不推以旧换新和产品是一体化架构，$-AB_I + 2AE_I + B_I E_I \delta > 0$ 时，制造商定最优价格：

$$p_{mdnisa1}^* = \frac{AB_I(A + E_I\delta)}{2(AB_I + E_I^2\delta)}, \ p_{mdnisa2}^* = \frac{B_I E_I(A + E_I\delta)}{2(AB_I + E_I^2\delta)} \ 时，$$

购买了第一代产品的消费者全部购买第二代产品；

当 $(B_I - 2E_I) - B_I E_I \delta \geqslant 0$ 时，制造商定最优价格：

$$p_{mdnisp1}^* = \frac{A[2A(B_I + E_I) + B_I E_I\delta]}{4A(B_I + E_I) - B_I E_I\delta}, \ p_{mdnisp2}^* = \frac{3AB_I E_I}{4A(B_I + E_I) - B_I E_I\delta} \ 时，$$

当 $(B_I - 2E_I) - B_I E_I \delta > 0$ 时，购买了第一代产品的消费者部分购买第二代产品；当 $(B_I - 2E_I) - B_I E_I \delta = 0$ 时，购买了第一代产品的消费者全部购买第二代产品。

证明：证明的部分见附录。

推论 5.4 当制造商动态定价、不推以旧换新、产品是一体化架构，$(B_I - 2E_I) - B_I E_I \delta \geqslant 0$ 时，购买第一代产品的消费者全部更换产品和部分更换产品的价格之间的大小关系：

当 $\beta \in \left[1, \dfrac{-1 + \delta^2}{\delta} + \sqrt{\dfrac{1 + 6\delta^2 + \delta^4}{\delta^2}} - 1 \right)$ 时，$p^*_{mdnisa1} > p^*_{mdnisp1}$，$p^*_{mdnisa2}$

$< p^*_{mdnisp2}$。

当 $\beta \in \left[\dfrac{-1 + \delta^2}{\delta} + \sqrt{\dfrac{1 + 6\delta^2 + \delta^4}{\delta^2}} - 1, +\infty \right)$ 时，制造商只选 $p^*_{mdnisa1}$

和 $p^*_{mdnisa2}$。

证明： 证明的部分见附录。

当第二代核心系统的质量提升得不高时，为了使得中高端消费者都更换产品，产品的价格就需要比部分更换产品时的价格低（$p^*_{mdnisa2} < p^*_{mdnisp2}$），同时中高端消费者数量不能多，因此第一代产品的价格要高（$p^*_{mdnisa1} > p^*_{mdnisp1}$）。

当第二代核心系统的质量提升得足够高时，产品的价格有足够的上升空间，因此也能使中高端消费者都更换产品，制造商也就只选择 $p^*_{mdnisa1}$ 和 $p^*_{mdnisa2}$ 的定价。

另一种情况是没有购买第一代产品的消费者买不到第二代产品。第一阶段消费者可以选择购买第一代产品还是不购买。当 $\theta \geqslant \theta_{mdni1}$ 时，消费者会购买第一代产品，即：

$$\theta \in [\theta_{mdni1}, 1] \tag{5.15}$$

第二阶段，购买了第一代产品的消费者。当满足条件：$\theta \geqslant \theta_{mdni1}$ 和 $\theta \geqslant \theta_{mdni3}$（整体更换产品比不更换要好）时，这部分消费者选择整体更换产品，即：

$$\theta \in [\max\{\theta_{mdni1}, \theta_{mdni3}\}, 1] \tag{5.16}$$

没有购买第一代产品的消费者不愿意买第二代产品，即：

$$\theta \in [\theta_{mdni1}, \theta_{mdni2}] \tag{5.17}$$

当边际消费者要满足条件：$1 \geqslant \theta_{mdni3}$，$\theta_{mdni3} \geqslant \theta_{mdni1}$，$\theta_{mdni2} \geqslant \theta_{mdni1}$ 时，第一代产品的销售量为：$D_{mdni1} = 1 - \theta_{mdni1}$，第二代产品的销售量为：$D_{mdni2} = 1 - \theta_{mdni3}$。制造商第二阶段的利润函数式：

$$\Pi^2_{MDNI2} = \max_{p_{mdnin2}} p_{mdnin2} D_{mdni2} \tag{5.18}$$

$$\text{s. t.} \begin{cases} 1 \geqslant \theta_{mdni3} \\ \theta_{mdni3} \geqslant \theta_{mdni1} \\ \theta_{mdni2} \geqslant \theta_{mdni1} \\ p_{mdnis2} > 0 \end{cases}$$

制造商第一阶段的利润为：

$$\Pi^2_{MDNI} = \max_{p_{mdnin1}} p_{mdnin1} D_{mdni1} + \delta \Pi^2_{MDNI2} \tag{5.19}$$

$$\text{s. t. } p_{mdnin1} > 0$$

命题 5.4　当制造商动态定价、不推以旧换新和产品是一体化架构时，制造商定最优价格：

$$p^*_{mdnin1} = \frac{A E_I (A + B_I \delta)}{2(A E_I + B_I^2 \delta)}, \quad p^*_{mdnin2} = \frac{B_I E_I (A + B_I \delta)}{2(A E_I + B_I^2 \delta)} \text{ 时，}$$

购买了第一代产品的消费者全部购买第二代产品。

证明：证明的部分见附录。

从命题 5.3 与命题 5.4 的比较中，可以发现，如果低端消费者购买到了第二代产品，并且第二代产品提升得不高$\left(\beta \in \left[1, \frac{-1 + \delta^2}{\delta} + \sqrt{\frac{1 + 6\delta^2 + \delta^4}{\delta^2}} - 1 \right) \right)$，制造商会使得一部分中端消费者不愿意购买产品，因为质量提升得不够、价格也不够低（$p^*_{mdnisa2} < p^*_{mdnisp2}$）。如果低端消费者不愿意购买第二代产品时，则制造商只面向中高端消费者销售产品，这部分消费者能承受更大的价格，因此他们都会更换成第二代产品。

推论 5.5　当制造商动态定价、不推以旧换新、产品是一体化架构，$-A B_I + 2A E_I + B_I E_I \delta > 0$ 和 $(B_I - 2 E_I) - B_I E_I \delta \geqslant 0$ 时，

$$p^*_{mdnin1} < p^*_{mdnisa1}$$

$$\begin{cases}
p^*_{mdnin1} \text{ 当 } \beta \in \left[\frac{-1 + \delta^2}{\delta} + \sqrt{\frac{1 + 6\delta^2 + \delta^4}{\delta^2}} - 1, \ +\infty \right) \text{ 时} \\[2ex]
p^*_{mdnin1} < p^*_{mdnisp1} \text{ 当 } \beta \in \left[1, \frac{-1 + \delta^2}{\delta} + \sqrt{\frac{1 + 6\delta^2 + \delta^4}{\delta^2}} - 1 \right) \text{ 时} \\[2ex]
p^*_{mdnin2} \leqslant p^*_{mdnisa2} \text{ 当 } \beta \in \left[\frac{\delta^3 + \delta \sqrt{4 + \delta^4}}{\delta^2} - 1, \ +\infty \right) \text{ 时} \\[2ex]
p^*_{mdnin2} > p^*_{mdnisa2} \text{ 当 } \beta \in \left[1, \frac{\delta^3 + \delta \sqrt{4 + \delta^4}}{\delta^2} - 1 \right) \text{ 时} \\[2ex]
p^*_{mdnin2} \text{ 当 } \beta \in \left[\frac{-1 + \delta^2}{\delta} + \sqrt{\frac{1 + 6\delta^2 + \delta^4}{\delta^2}} - 1, \ +\infty \right) \text{ 时} \\[2ex]
p^*_{mdnin2} > p^*_{mdnisp2} \text{ 当 } \beta \in \left[1, \frac{-1 + \delta^2}{\delta} + \sqrt{\frac{1 + 6\delta^2 + \delta^4}{\delta^2}} - 1 \right) \text{ 时}
\end{cases}$$

证明：证明的部分见附录。

低端消费者不愿意购买第二代产品与愿意购买且全部中高端消费者更换产品时的价格比较：因为第二阶段没有低端消费者愿意购买第二代产品，所以制造商要扩大第一代产品的销售量（$p^*_{mdnin1} < p^*_{mdnisa1}$）；第二阶段，如果产品质量提升得高，为了使更多中低端的消费者更换产品，制造商就需要降低价格，而低端消费者需要购买第二代产品时，制造商的利润主要来自中高端消费者，因此为了提高利润，制造商可以牺牲低端利润，而用更高的价格获得更多的利润。

低端消费者不愿意购买第二代产品与愿意购买且部分中高端消费者更换产品时的价格比较：因为第二代产品质量提升得不高时，低端消费者贡献的利润也就重要了，为了获取这部分利润，制造商需要以更低的价格才能吸引他们的购买，这样为了减少低端消费者的数量，第一代产品的价格可以提高。第二代产品的质量较高时，制造商可以不让低端消费者购买第二代产品，而尽量满足中高端消费者的需求，这样边际利润也不低，所以这时制造商会采用p^*_{mdnin}的定价方式。

从推论5.5可以知道，当产品质量提升得不高时，制造商要尽量从低端消费者身上获得更多的利润（比如低价）；当产品质量提升得高时，制造商要尽量从中高端消费者身上获得更多的利润（比如适当的高价）。

模块化架构和一体化架构时的价格比较由于公式复杂，将放在数值部分比较。

第七节　数值分析

这一部分我们将用数值的方法分析参数 α、β、δ 对制造商最优利润影响的趋势，即把模块化架构与一体化架构下的最优利润相比较，得到在什么条件下制造商选择什么样的产品架构的结论。

在这里我们先对模块化架构时的两代产品价格与一体化架构时的价格分别进行比较和分析，再比较它们的利润。

图5-2分别比较了这两种架构的第一代产品的价格,[①] 从中可以看到一个

[①] 这里没有比较一体化架构下低端消费者可以买到第二代产品和中高端消费者部分更换产品时的价格。因为前面已经有结论，这里主要是模块化架构与一体化架构的价格比较，以期能得到足够的管理学启示。

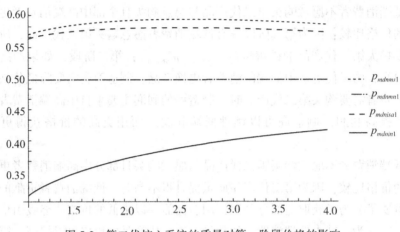

图 5-2 第二代核心系统的质量对第一阶段价格的影响

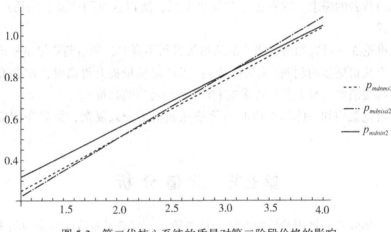

图 5-3 第二代核心系统的质量对第二阶段价格的影响

有趣的现象:模块化架构下的第一代产品价格高于一体化架构时的价格。这是因为消费者只看当期的产品质量和价格,如果模块化质量低于一体化的质量,那么消费者更换模块化产品的积极性不如更换一体化产品的积极性高(这些消费者是中高端消费者,他们对质量更敏感)。所以第二代产品模块化价格要低于一体化(图 5-3)。因此制造商需要对第一代产品定更高的价,从而获得更多的利润。$\delta = 0.6$,$\alpha = 0.1$,横轴是第二代核心系统的质量。

对利润的比较。$\alpha \in [0, 0.3]$，$\delta \in [0.5, 1]$，$\beta \in [1, 5]$ 和 $q_b = q_c = 0.5$。下面的数值实验除开特别说明外都是依据上面的参数值进行的分析，并且横轴表示 δ，纵轴表示 α。

从图 5-4 至图 5-6 可以观察到，在制造商动态定价时，其只会选择一体化架构。因为，当产品耐用性高时，消费者更换产品的意愿不高，此时，消费者更愿意更换成质量高的产品，即消费者愿意以更高的价更换质量更高的产品。动态定价使得制造商相对于静态定价时有更多的降价空间，因此一体化产品的价格比模块化产品的价格要低(图 5-2)，其扩大了第一代产品的销售量，同时也增加了第二阶段可能更换产品的消费者数量，而价格比模块化的价格不低，这样第二阶段的利润会更高。当产品耐用性低时，消费者更愿意更换产品，第二代产品(第二代核心系统)的销售量会增加，而一体化架构的产品价格高于模块化的价格，因此一体化架构的总利润高于模块化架构的总利润。

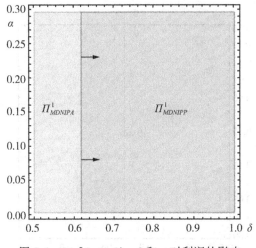

图 5-4　$\beta \in [1, 1.9)$，δ 和 α 对利润的影响

从图 5-2 至图 5-6 可以发现一个有趣的结论：动态定价下，制造商通过对第一代产品降价销售(相对于模块化架构产品的价格)吸引更多的消费者购买产品，然后在第二阶段用质量高的产品(相对于模块化)定一个不低的价格，从而提升整个利润——欲擒故纵。

当第二代核心系统的质量不高时(图 5-4)，如果产品耐用性不高，消费者愿意更换产品的动力就会高，即所有的中高端消费者都愿意更换产品；如果产

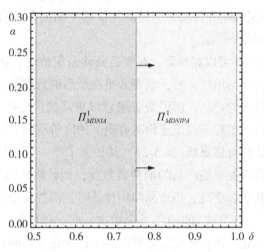

图 5-5 $\beta \in [1.9, 3)$，δ 和 α 对利润的影响

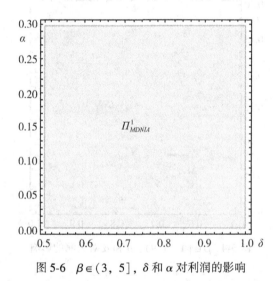

图 5-6 $\beta \in (3, 5]$，δ 和 α 对利润的影响

品耐用性高，也就只有部分中高端消费者愿意更换产品。第二代核心系统质量的提高刺激着消费者更早地更换产品(就算产品耐用性不低)。图 5-6 中，所有中高端消费者不管产品的耐用性是高还是低，他们都会更换手中的产品。这说明，高质量的第二代核心系统(产品)能使得消费者承受更高的价格。

第八节　研究结论与管理启示

本章研究了在动态定价和没有以旧换新情况下，耐用品该如何设计架构的问题。研究发现：

（1）当产品是模块化架构时，动态定价扩大了制造商的降价空间，制造商的降价不再受第二代核心系统质量的约束，制造商更加倾向于通过降价增加销售量来提高总利润。

（2）当产品质量提升得不高时，制造商要尽量从低端消费者身上获得更多的利润；当产品质量提升得高时，制造商要尽量从中高端消费者身上获得更多的利润。

（3）模块化产品的第一代产品价格高于一体化产品的第一代产品价格。

（4）动态定价下，制造商通过对第一代产品降价销售（相对于模块化架构产品的价格）吸引更多的消费者购买产品，然后在第二阶段用质量高的产品（相对于模块化）定一个不低的价格，从而提升整个利润——欲擒故纵。

第六章　动态定价、采用以旧换新策略下
耐用品设计策略研究

　　本章主要考虑动态定价和以旧换新时的产品设计问题，为此建立了一个垄断制造商的模型。在两阶段期间内，首先建立和分析模块化架构时的模型。在第二阶段，制造商有两种选择：推出第二代产品和第二代核心系统；只推出第二代核心系统。把这两种方式的最优价格进行比较，也与前面几章的最优价格进行比较。其次建立和分析一体化架构时的模型，有两种情况：一种是没买第一代产品的消费者可以买到第二代产品；另一种是没买第一代产品的消费者买不到第二代产品，然后比较这两种情况下的价格。最后比较这两种架构下的最优利润，得到什么条件下选择什么样的产品架构的结论。

第一节　产品定价的假设

　　当产品是模块化架构时，假设基础系统的价格为p_{mdtmb}，核心系统的价格为p_{mdtmc}，其中$t\epsilon\{1, 2\}$表示第一、二两个阶段。当产品是一体化架构时，假设第一代产品的价格为p_{mdti1}，第二代产品的价格为p_{mdti2}。

　　由于制造商可以通过多种手段(比如问卷调查和统计分析的方法)获取到市场上的信息(消费者对产品的偏好分布)。制造商可以根据这些信息为新产品制定新的价格，这就是动态定价方式(Dynamic Pricing)。制造商推出以旧换新和产品设计是模块化架构时，第一代产品的价格为$p_{mdtmb1} + p_{mdtmc1}$，第二代产品的价格为$p_{mdtmb2} + p_{mdtmc2}$，已经购买了第一代产品的消费者进行模块化升级产品，升级价格为$p_{mdtmcu} = \lambda\, p_{mdtmc}$，其中$\lambda$表示第二代核心系统的以旧换新价格折扣率，$\lambda \in [0, 1]$。如果制造商推出以旧换新和产品设计是一体化架构时，第一代产品的价格为p_{mdti1}，第二代产品的价格为p_{mdti2}，购买了第一代产品的消费者更换成第二代产品时的升级价格为$p_{mdtiu} = \lambda\, p_{mdti2}$。

第二节　消费者的假设

假设消费者对产品质量的偏好为 θ，θ 在 $[0, 1]$ 上服从一致均匀分布。当消费者购买质量为 q_t、价格为 p_t 的产品时，其所获得的净效用值为：

$$W(q_t, p_t, \theta) = q_t\theta - p_t \tag{6.1}$$

当 $W \geqslant 0$ 时，消费者才会购买该产品。在每一阶段内，消费者与制造商从使用产品和销售产品中获取的净效用值与收益的贴现比率是一样的，都为 δ，且 $\delta \in (0, 1)$。

如果消费者是近视型消费者（Myopic Consumer），当制造商推出第一代产品时，其会根据第一代产品的质量和价格作出是否购买的决策。

制造商推出以旧换新，如果产品是模块化架构时，则购买了第一代产品的消费者获得的净效用为 $q_1\theta - (p_{mdtmb1} + p_{mdtmc1})$，其再模块化升级产品时获得的净效用为 $(1-\alpha)(\delta q_b + \beta q_c)\theta - p_{mdtmcu}$。如果产品是一体化架构时，购买第一代产品的消费者获得的净效用为 $q_1\theta - p_{mdti1}$；没有购买第一代产品的消费者购买第二代产品获得的净效用为 $q_2\theta - p_{mdti2}$；购买了第一代产品的消费者再更换为第二代产品时获得的净效用为 $q_2\theta - p_{mdtiu}$。

第三节　制造商的决策

在有限的两阶段内，制造商要作两个层面的决策：战略层面，制造商决定产品的架构；价格层面，制造商决定基础和核心系统的价格，第一、二代产品的价格。

制造商采用动态定价和推出以旧换新政策。第一阶段，如果产品是模块化架构的，则制造商要决定第一代基础系统和核心系统的价格 p_{mdtmb1} 和 p_{mdtmc1}。如果是一体化架构的产品，则制造商要决定第一代产品的价格 p_{mdti1}。

第二阶段，如果产品是模块化架构的，则制造商要决定基础系统和第二代核心系统的价格 p_{mdtmb2} 和 p_{mdtmc2}。如果是一体化架构的产品，则制造商要决定第二代产品的价格 p_{mdti2}，如图 6-1 所示。

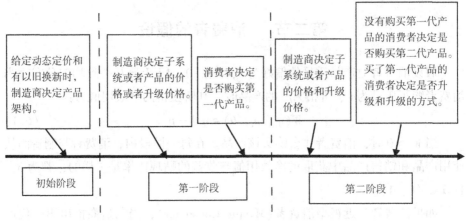

图 6-1　动态定价和以旧换新时制造商和消费者决策时间轴

第四节　消费者的决策

当制造商推出第二代产品和有以旧换新时，没有购买第一代产品的消费者要作出是否购买第二代产品的决策，购买了第一代产品的消费者要决定是更换（升级）产品，还是不更换（升级）产品（图 6-1）。

消费者在作出购买产品的决策时，他需要在当前的几个选择中进行比较，从这些选项中选择剩余效用最大的那个选项。当消费者面对两个选项的剩余效用没有差别时，把这类消费者称之为边际消费者，记为 θ_{mdtmj}，其中 $j \in \{1, 2, 3, 4\}$。这样可以得到表 6-1。

表 6-1　　　　　　　　　　　动态定价和以旧换新时边际消费者

	不购买产品	购买第二代产品
购买第一代产品	$\theta_{mdtm1} = \dfrac{p_{mdtmb1} + p_{mdtmc1}}{q_1}$	
购买第二代产品	$\theta_{mdtm4} = \dfrac{p_{mdtmb2} + p_{mdtmc2}}{(1-\alpha) q_2}$	
购买第一代产品再模块化升级	θ_{mdtm3} $= \dfrac{\lambda p_{mdtmc2}}{(1-\alpha)(\delta q_b + \beta q_c) - \delta q_1}$	θ_{mdtm2} $= \dfrac{p_{mdtmb2} + p_{mdtmc2} - \lambda p_{mdtmc2}}{(1-\alpha) q_2 - (1-\alpha)(\delta q_b + \beta q_c)}$

其中，假设 $A = q_1$，$B = (1 - \alpha) q_2$，$C = (1 - \alpha) q_2 - (1 - \alpha)(\delta q_b + \beta q_c)$，$D = (1 - \alpha)(\delta q_b + \beta q_c) - \delta q_1$，$E = (1 - \alpha) q_2 - \delta q_1$。

第五节　模块化架构的分析

在这种产品架构中，制造商可以选择推出第二代产品和第二代核心系统或者只推出第二代核心系统。

当制造商同时推出第二代产品和第二代核心系统时，第一阶段消费者可以选择是购买第一代产品还是不购买。$\theta \geq \theta_{mdtm1}$ 的消费者会购买第一代产品。

第二阶段有两类消费者会购买产品：一类是消费者购买了第一代产品。这类消费者有的会把核心系统以旧换新的条件为：$\theta \geq \theta_{mdtm1}$（购买第一代产品）、$\theta \leq \theta_{mdtm2}$（不升级优于整体更换）和 $\theta \geq \theta_{mdtm3}$（模块化升级优于不升级），即：

$$\theta \in \left[\max\{\theta_{mdtm1}, \theta_{mdtm3}\}, \theta_{mdtm2} \right] \tag{6.2}$$

另一类是没有购买第一代产品的消费者。这类消费者会购买第二代产品的条件为 $\theta \leq \theta_{mdtm1}$（没有买第一代产品）和 $\theta \geq \theta_{mdtm4}$（买第二代产品比不买要好），即：

$$\theta \in \left[\theta_{mdtm4}, \theta_{mdtm1} \right] \tag{6.3}$$

这样存在两种情况：第一种，没有购买第一代产品的消费者会购买第二代产品，即：

$$1 = \theta_{mdtm2}, \quad 1 \geq \theta_{mdtm3}, \quad \theta_{mdtm3} \geq \theta_{mdtm1}, \quad \theta_{mdtm1} \geq \theta_{mdtm4} \tag{6.4}$$

这时，第一代产品的销售量为 $D_{mdtm1} = 1 - \theta_{mdtm1}$，第二代产品的销售量为 $D_{mdtm2} = \theta_{mdtm1} - \theta_{mdtm4}$，第二代核心系统的销售量为 $D_{mdtmm} = 1 - \theta_{mdtm3}$。制造商第二阶段的利润函数式为：

$$\Pi^1_{MDTM2} = \max_{P_{mdtmb2}, \, P_{mdtmc2}} (p_{mdtmb2} + p_{mdtmc2}) D_{mdtm2} + \lambda p_{mdtmc2} D_{mdtmm} \tag{6.5}$$

$$\text{s.t.} \begin{cases} \theta_{mdtm2} = 1 \\ 1 \geq \theta_{mdtm3} \\ \theta_{mdtm3} \geq \theta_{mdtm1} \\ \theta_{mdtm1} \geq \theta_{mdtm4} \\ p_{mdtmb2}, \, p_{mdtmc2} > 0 \end{cases}$$

制造商第一阶段的利润为：

$$\Pi^1_{MDTM} = \max_{P_{mdtmb1}, \, P_{mdtmc1}} (p_{mdtmb1} + p_{mdtmc1}) D_{mdtm1} + \delta \Pi^1_{MDTM2} \tag{6.6}$$

$$\text{s.t.} \quad p_{mdtmb1}, \, p_{mdtmc1} > 0$$

命题 6.1 当制造商动态定价、推以旧换新和产品是模块化架构，$B \geqslant A$、$D > 0$、$A(-B + 4C + 2D) - [B(C + D) - 2D(2C + D)]\delta > 0$ 和 $D\delta[2CD + B(C + D)(-1 + \lambda)] + AB[D(-1 + \lambda) + 2C\lambda] > 0$ 时，制造商同时推出第二代产品和第二代核心系统的最优价格为：

$$p_{mdtms1}^* = \frac{A\{AB + [-2CD + B(C + D)]\delta\}}{2(AB + D^2\delta)}$$

$$p_{mdtmsb2}^* = \frac{D\delta[2CD + B(C + D)(-1 + \lambda)] + AB[D(-1 + \lambda) + 2C\lambda]}{2(AB + D^2\delta)\lambda},$$

$$p_{mdtmsc2}^* = \frac{D\{AB + [-2CD + B(C + D)]\delta\}}{2(AB + D^2\delta)\lambda} \text{ 时,}$$

所有购买了第一代产品的消费者都会模块化升级产品。

证明： 证明的部分见附录。

由于消费者升级产品只需要更换核心系统，加上制造商推出以旧换新的政策，升级的价格不高，促使所有中高端消费者升级了产品。

第二种，制造商不推出第二代产品，即：

$$1 \geqslant \theta_{mdtm3}, \quad \theta_{mdtm3} \geqslant \theta_{mdtm1} \tag{6.7}$$

这时，第一代产品的销售量为 $D_{mdtm1} = 1 - \theta_{mdtm1}$，第二代核心系统的销售量为 $D_{mdtmm} = 1 - \theta_{mdtm3}$。制造商第二阶段的利润函数式为：

$$\Pi_{MDTM2}^2 = \max_{p_{mdtmnc2}} \lambda \, p_{mdtmnc2} \, D_{mdtmm} \tag{6.8}$$

$$\text{s. t.} \begin{cases} 1 \geqslant \theta_{mdtm3} \\ \theta_{mdtm3} \geqslant \theta_{mdtm1} \\ p_{mdtmnc2} > 0 \end{cases}$$

制造商第一阶段的利润为：

$$\Pi_{MDTM}^2 = \max_{p_{mdtmnb1}, \, p_{mdtmnc1}} (p_{mdtmnb1} + p_{mdtmnc1}) D_{mdtm1} + \delta \Pi_{MDTM2}^2 \tag{6.9}$$

$$\text{s. t. } p_{mdtmnb1}, \, p_{mdtmnc1} > 0$$

命题 6.2 当制造商动态定价、推以旧换新和产品是模块化架构、$D > 0$ 时，制造商不推出第二代产品的最优价格为：

$$p_{mdtmn1}^* = \frac{A}{2}, \quad p_{mdtmnc2}^* = \frac{D}{2\lambda} \text{ 时,}$$

所有购买了第一代产品的消费者都会模块化升级产品。

证明： 证明的部分见附录。

从命题 3.1、命题 3.2、命题 4.1、命题 4.2、命题 5.1、命题 5.2、命题 6.1 和命题 6.2 中可以得到以下结论。

推论 6.1　当产品是模块化架构时，制造商无论是静态定价还是动态定价，无论是否推出以旧换新政策，还是是否推出第二代产品，购买了第一代产品的消费者全部都会模块化升级产品。

制造商推出模块化架构的产品就是希望消费者能模块化升级产品而不是再购买一个新一代的产品。只有将核心系统的价格定低，才能吸引高端的消费者愿意模块化升级产品而不是再购买新一代的产品，这样产品的边际利润要高于子系统的边际利润。因此如果制造商希望更多的消费者能模块化升级，以获得较高利润，就需要引导所有的中高端消费者都模块化升级产品。

推论 6.2　当制造商动态定价、推出以旧换新政策和产品是模块化架构，$B \geqslant A$、$D > 0$、$A(-B + 4C + 2D) - (B(C + D) - 2D(2C + D))\delta > 0$ 和 $D\delta(2CD + B(C + D)(-1 + \lambda)) + AB(D(-1 + \lambda) + 2C\lambda) > 0$ 时，

$$p^*_{mdtms1} > p^*_{mdtmn1};\ p^*_{mdtmsc2} > p^*_{mdtmnc2}$$

证明：证明的部分见附录。

当制造商动态定价和产品是模块化架构时，推第二代产品可以使得价格高于不推第二代产品时的价格，这个结论是受第二代核心系统质量提升度和以旧换新价格折扣率的影响，这是与推论 4.2 不同的。这是因为制造商动态定价后，实际就是对消费者进行差异化定价，使得第二阶段时第二代产品面向低端消费者，第二代核心系统面向中高端消费者，避免了这两种产品之间的相互蚕食。

另一方面，推出第二代产品可以覆盖低端消费者，而没推出第二代产品时，制造商需要扩大产品的销售量，所以第一代产品只能降低价格（$p^*_{mdtms1} > p^*_{mdtmn1}$）。第二阶段时，没推出第二代产品的情况是：由于更多的消费者需要模块化升级产品，因此需要降低价格；而推出第二代产品的情况是：相对少的中高端消费者使得制造商可以定相对高的价格（$p^*_{mdtmsc2} > p^*_{mdtmnc2}$）。

总之，动态定价可以避免产品之间的相互蚕食。

推论 6.3　当产品是模块化架构，$B \geqslant 1 = A > D + C$、$\lambda > D$、$-A(B + B\delta - 2C\delta) + B(2C + D + D\delta) > 0$、$2A^2(B + D) - BC\delta + A[4C + B(-3 + 2C\delta + D\delta)] > 0$、$BC\delta - 2A^2D(1 + 2C\delta + D\delta) + A(B - 4C + BD\delta) < 0$、$(-B + 4C + 2D) - [B(C + D) - 2D(2C + D)]\delta > 0$ 和 $D\delta[2CD + B(C + D)(-1 + \lambda)] +$

$AB[D(-1+\lambda)+2C\lambda]>0$ 时，

$$p^*_{mdtms1}=p^*_{mdnms1}\text{；}\quad p^*_{mdtmsb2}<p^*_{mdnmsb2}\text{；}\quad p^*_{mdtmsc2}>p^*_{mdnmsc2}$$

$$p^*_{mdtms1}<p^*_{mstms}\text{；}\quad p^*_{mdtms2}<p^*_{mstms}\text{；}\quad p^*_{mdtmsc2}>p^*_{mstmsc}$$

证明：证明的部分见附录。

当产品是模块化架构时，制造商推出以旧换新政策后，产品的价格并没有低于不推以旧换新政策时的价格。因为能参与到以旧换新政策里的是中高端消费者，他们能接受更高的价格，因此以旧换新实现的差异化定价的效果是：对不同时期的消费者定不同的价。结合推论 4.1 可以得到以下结论。

推论 6.4　当产品是模块化架构时，无论制造商是静态定价还是动态定价，以旧换新实现了差异化定价的效果。

制造商动态定价时，第二代核心系统的价格要比静态定价时的价格更高。这是因为动态定价针对不同时期的消费者制定价格，不需要考虑上一时期的产品。因此可以对中高端消费者定更高的价格（$p^*_{mdtmsc2}>p^*_{mstmsc}$），并且通过降低第一代产品的价格（$p^*_{mdtms1}<p^*_{mstms}$），扩大中高端消费者的数量，从而获得更大的总利润。因此，当制造商推出以旧换新政策和产品是模块化架构时，动态定价是牺牲第一代产品的边际利润，获得销售量的提升，从第二代核心系统的销售上获得更多的利润。

第六节　一体化架构的分析

制造商采用一体化架构设计时，有两种情况：一种是没有购买第一代产品的消费者可以买到第二代产品；另一种是没有购买第一代产品的消费者买不到第二代产品。

第一种情况。第一阶段消费者可以选择是购买第一代产品还是不购买。当 $\theta\geqslant\theta_{mdti1}$（其中，$\theta_{mdti1}=\dfrac{p_{mdtis1}}{q_1}$，令 $A=q_1$）时，消费者会购买第一代产品，即：

$$\theta\in[\theta_{mdti1},1] \tag{6.10}$$

第二阶段有两类消费者：一类是没有购买第一代产品的消费者。如果这类消费者的偏好满足条件：$\theta\leqslant\theta_{mdti1}$（没有购买第一代产品）和 $\theta\geqslant\theta_{mdti2}$（其中，$\theta_{mdti2}=\dfrac{p_{mdtis2}}{q_2}$，令 $B_1=q_2$）（购买第二代产品不差于不购买）。则这类消费者会购买第二代产品，即：

$$\theta \in [\theta_{mdti2}, \theta_{mdti1}] \tag{6.11}$$

另一类是购买了第一代产品的消费者。当满足条件：$\theta \geqslant \theta_{mdti1}$ 和 $\theta \geqslant \theta_{mdti3}$（其中，$\theta_{mdti3} = \dfrac{\lambda p_{mdtis2}}{q_2 - \delta q_1}$，令 $E_I = q_2 - \delta q_1$）（整体更换产品比不更换要好）时，这部分消费者选择整体更换产品，即：

$$\theta \in [\max\{\theta_{mdti1}, \theta_{mdti3}\}, 1] \tag{6.12}$$

当边际消费者要满足条件：$1 \geqslant \theta_{mdti3}$，$\theta_{mdti3} \geqslant \theta_{mdti1}$，$\theta_{mdti1} \geqslant \theta_{mdti2}$ 时，第一代产品的销售量为 $D_{mdti1} = 1 - \theta_{mdti1}$，第二代产品的销售量为 $D_{mdti2} = \theta_{mdti1} - \theta_{mdti2}$，以旧换新的销售量为 $D_{mdtiu} = 1 - \theta_{mdti3}$。制造商第二阶段的利润函数式为：

$$\Pi^1_{MDTI2} = \max_{p_{mdtis2}} p_{mdtis2} D_{mdti2} + \lambda p_{mdtis2} D_{mdtiu} \tag{6.13}$$

$$\text{s. t.} \begin{cases} 1 \geqslant \theta_{mdti3} \\ \theta_{mdti3} \geqslant \theta_{mdti1} \\ \theta_{mdti1} \geqslant \theta_{mdti2} \\ p_{mdtis2} > 0 \end{cases}$$

制造商第一阶段的利润为：

$$\Pi^1_{MDTI} = \max_{p_{mdtis1}} p_{mdtis1} D_{mdti1} + \delta \Pi^1_{MDTI2} \tag{6.14}$$

$$\text{s. t. } p_{mdtis1} > 0$$

命题 6.3　当制造商动态定价、推以旧换新和产品是一体化架构时，制造商推出第二代产品时的最优价格：

当 $B_I \lambda - E_I \geqslant 0$ 时

$$p^*_{mdtisa1} = \frac{A B_I (A + E_I \delta) \lambda^2}{2[E_I^2 \delta + B_I E_I \delta(-1 + \lambda)\lambda + A B_I \lambda^2]}$$

$$p^*_{mdtisa2} = \frac{B_I E_I (A + E_I \delta) \lambda}{2[E_I^2 \delta + B_I E_I \delta(-1 + \lambda)\lambda + A B_I \lambda^2]}$$ 时，

购买了第一代产品的消费者全部购买第二代产品。

当 $2A E_I - A B_I \lambda + B_I E_I \delta \lambda \leqslant 0$ 时，制造商定最优价格：

$$p^*_{mdtisp1} = \frac{A[B_I E_I \delta \lambda + 2A(E_I + B_I \lambda^2)]}{-B_I E_I \delta + 4A(E_I + B_I \lambda^2)}$$

$$p^*_{mdtisp2} = \frac{A B_I E_I (1 + 2\lambda)}{- B_I E_I \delta + 4A(E_I + B_I \lambda^2)} \text{ 时,}$$

当 $2A E_I - A B_I \lambda + B_I E_I \delta \lambda < 0$ 时,购买了第一代产品的消费者部分购买第二代产品;当 $2A E_I - A B_I \lambda + B_I E_I \delta \lambda = 0$ 时,购买了第一代产品的消费者全部购买第二代产品。

证明: 证明的部分见附录。

推论 6.5 当制造商动态定价、推出以旧换新和产品是一体化架构,$B_I \lambda - E_I \geq 0$ 和 $B_I \geq A = 1$ 时,

$$\begin{cases} p^*_{mdtisau} \geq p^*_{mdtisa1} & \text{当 } \beta \in [2(1+\delta) - 1, \ +\infty) \text{ 时} \\ p^*_{mdtisau} < p^*_{mdtisa1} & \text{当 } \beta \in [1, \ 2(1+\delta) - 1) \text{ 时} \end{cases}$$

当 $2A E_I - A B_I \lambda + B_I E_I \delta \lambda \leq 0$ 和 $B_I \geq A$ 时,

$$\begin{cases} p^*_{mdtispu} \geq p^*_{mdtisp1} \\ \text{当 } \beta \in \left[\dfrac{2 + \delta\lambda - \delta^2\lambda + 2\lambda^2 + 2\delta\lambda^2 + \sqrt{[-8\delta(\lambda - \delta\lambda + 2\lambda^2)}}{\lambda - \delta\lambda + 2\lambda^2} \right. \\ \qquad \left. + \dfrac{(-2 - \delta\lambda + \delta^2\lambda - 2\lambda^2 - 2\delta\lambda^2)^2]}{\lambda - \delta\lambda + 2\lambda^2} - 1, \ +\infty \right) \text{ 时} \\[2mm] p^*_{mdtispu} < p^*_{mdtisp1} \\ \text{当 } \beta \in \left[1, \ \dfrac{2 + \delta\lambda - \delta^2\lambda + 2\lambda^2 + 2\delta\lambda^2 + \sqrt{[-8\delta(\lambda - \delta\lambda + 2\lambda^2)}}{\lambda - \delta\lambda + 2\lambda^2} \right. \\ \qquad \left. + \dfrac{(-2 - \delta\lambda + \delta^2\lambda - 2\lambda^2 - 2\delta\lambda^2)^2]}{\lambda - \delta\lambda + 2\lambda^2} - 1 \right) \text{ 时} \end{cases}$$

证明: 证明的部分见附录。

推论 6.5 当第二代产品质量高时,以旧换新的升级价格要高于第一代产品的价格,第二代产品质量低时,以旧换新的升级价格要低于第一代产品的价格。因为,中高端消费者以旧换新,他们可以接受高价,第二代产品质量高时,制造商就可以差别定价,将产品价格定高;第二代产品质量低时,则难以从边际利润中获得利润,因此制造商通过降价以提高销售量,从而增加总利润。

另一种情况是没有购买第一代产品的消费者买不到第二代产品。第一阶段消费者可以选择是购买第一代产品还是不购买。当 $\theta \geq \theta_{mdti1}$ 时,消费者会购买第一代产品,即:

$$\theta \in [\theta_{mdti1}, 1] \tag{6.15}$$

第二阶段是购买了第一代产品的消费者。当满足条件：$\theta \geqslant \theta_{mdti1}$ 和 $\theta \geqslant \theta_{mdti3}$（整体更换产品比不更换要好）时，这部分消费者选择整体更换产品，即：

$$\theta \in [\max\{\theta_{mdti1}, \theta_{mdti3}\}, 1] \tag{6.16}$$

没有购买第一代产品的消费者不愿意买第二代产品，即：

$$\theta \in [\theta_{mdti1}, \theta_{mdti2}] \tag{6.17}$$

当边际消费者要满足条件：$1 \geqslant \theta_{mdti3}$，$\theta_{mdti3} \geqslant \theta_{mdti1}$，$\theta_{mdti2} \geqslant \theta_{mdti1}$ 时，第一代产品的销售量为 $D_{mdti1} = 1 - \theta_{mdti1}$，第二代产品的销售量为 $D_{mdti2} = 1 - \theta_{mdti3}$，制造商第二阶段的利润函数式：

$$\Pi^2_{MDTI2} = \max_{p_{mdtin2}} p_{mdtin2} D_{mdti2} \tag{6.18}$$

$$\text{s. t.} \begin{cases} 1 \geqslant \theta_{mdti3} \\ \theta_{mdti3} \geqslant \theta_{mdti1} \\ \theta_{mdti2} \geqslant \theta_{mdti1} \\ p_{mdtin2} > 0 \end{cases}$$

制造商第一阶段的利润为：

$$\Pi^2_{MDTI} = \max_{p_{mdtin1}} p_{mdtin1} D_{mdti1} + \delta \Pi^2_{MDTI2} \tag{6.19}$$

$$\text{s. t.} \quad p_{mdtin1} > 0$$

命题 6.4　当制造商动态定价、推以旧换新和产品是一体化架构时，没有购买第一代产品的消费者买不到第二代产品时的最优价格：

当 $B_I \lambda - E_I \geqslant 0$ 时

$$p^*_{mdtin1} = \frac{A E_I (A + B_I \delta \lambda)}{2(A E_I + B_I^2 \delta \lambda^2)}, \quad p^*_{mdtin2} = \frac{B_I E_I (A + B_I \delta \lambda)}{2(A E_I + B_I^2 \delta \lambda^2)} \text{ 时,}$$

购买了第一代产品的消费者全部购买第二代产品。

证明：证明的部分见附录。

结合推论 6.4 可以发现，当制造商动态定价、推以旧换新和产品是一体化架构时，当第二代产品质量高时，以旧换新的升级价格要高于第一代产品的价格，第二代产品质量低时，以旧换新的升级价格要低于第一代产品的价格。这与静态定价的结论刚好相反。动态定价避免了第一、二代产品之间的相互蚕食，使得当第二代产品质量低时，第二代产品也能有一定的边际利润可以承受降价，而静态定价下第一代产品拉低了第二代产品的边际利润，因此需要稳定价格。

总之，动态定价避免了两代产品之间的相互蚕食，实现了差异化定价的效果，给了第二代产品更大的降价空间。

第七节 数 值 分 析

这一部分我们将用数值的方法分析参数 α、β、δ 对制造商最优利润影响的趋势，即把模块化架构与一体化架构下的最优利润相比较，得到在什么条件下制造商选择什么样的产品架构的结论。

在这里同样 $\alpha \in [0, 0.3]$，$\delta \in [0.5, 1]$，$\beta \in [1, 5]$ 和 $q_b = q_c = 0.5$。下面的数值实验除开特别说明外都是依据上面的参数值进行的分析，并且横轴表示 δ，纵轴表示 α。如图 6-2 至图 6-8 所示。

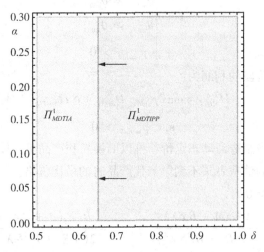

图 6-2 $\beta=1$，$\lambda \in [0.5, 1]$，δ 和 α 对利润的影响

图 6-2 和图 6-3，当第二代核心系统的质量没有提升和折扣因子不大时，制造商选择一体化架构。因为价格定得不高，所以边际利润就低，模块化虽然销售量大，但是边际利润太低，所以总利润不如一体化。也就是说，当第二代核心系统质量没有提升时，边际利润的提高相对于销售量的增加，能更多地增加总利润。

随着以旧换新价格折扣率变小，促使更多不积极更换产品的消费者（中高

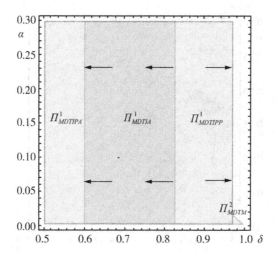

图 6-3 $\beta=1$，$\lambda \in (0, 0.5)$，δ 和 α 对利润的影响

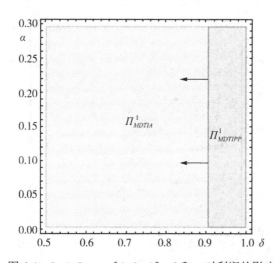

图 6-4 $\beta=1.5$，$\lambda \in [0.6, 1]$，δ 和 α 对利润的影响

端消费者）都来更换产品。如果力度超过阈值时，由于折扣力度大反而提升了第二代产品的价格，使得低端消费者买不起第二代产品。制造商就选择 p^*_{mdtisp} 的定价方法，获得 Π^1_{MDTIPA} 的利润。

当以旧换新价格折扣率不大和折扣因子也不小时，制造商应该选择一体化架构。因为一体化架构的边际利润大于模块化，而第二代核心系统的质量没有

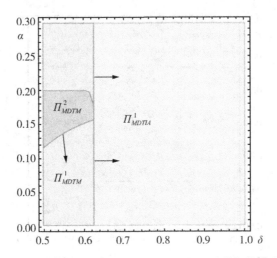

图 6-5　$\beta=1.5$, $\lambda \in [0.3, 0.6]$, δ 和 α 对利润的影响

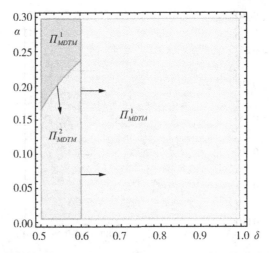

图 6-6　$\beta=2$, $\lambda \in [0, 0.6]$, δ 和 α 对利润的影响

提高，所以其价格比较低，销售量自然也就不低，因此一体化时的总利润大于模块化时的总利润。

　　当以旧换新价格折扣率大和折扣因子大时，制造商应该选择模块化架构。因为这时消费者更换产品的意愿很低，而一体化架构的产品价格不低，不能刺激消费者更换产品，只有价格更低的模块化架构的产品才行。

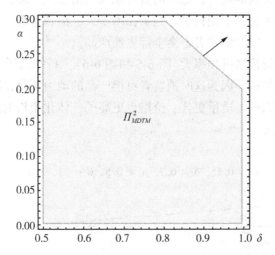

图 6-7　$\beta \in [1.5, 5]$，$\lambda \in [0, 0.3]$，δ 和 α 对利润的影响

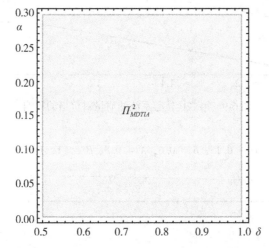

图 6-8　$\beta \in [2, 5]$，$\lambda \in [0.7, 1]$，δ 和 α 对利润的影响

　　有趣的是，当第二代核心系统的质量没有提高和折扣因子大时，以旧换新的价格折扣率大反而不会进一步促使消费者更换一体化架构的产品(图 6-2 和图 6-3)。因为大力度的折扣率反而会提高最终的以旧换新价格($\lambda\, p^{*}_{mdtisp2}$)，让更换产品本不积极的消费者不愿意更换产品。

　　当第二代核心系统质量有提升、以旧换新价格折扣率不大时(图 6-4)，制造商选择一体化架构的同时让低端消费者能买到第二代产品，这时就有了一定的边际利润，同时又有了销售量。当折扣因子大，消费者购买新产品的动力不如折扣因子小时，中端消费者不会全部更换产品。

如果以旧换新价格折扣率大(图 6-5 和图 6-6)，折扣因子不低时，制造商应该选择一体化架构。因为这时消费者更换产品的动力不足，愿意更换产品的是高端消费者，因此，质量更佳、价格也更高的一体化架构的产品能带来更多的利润(图 6-9)。

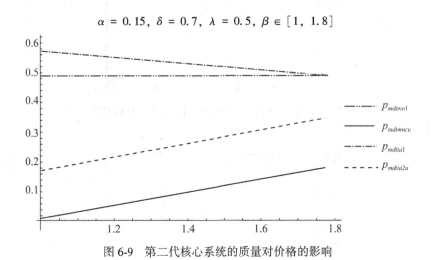

图 6-9　第二代核心系统的质量对价格的影响

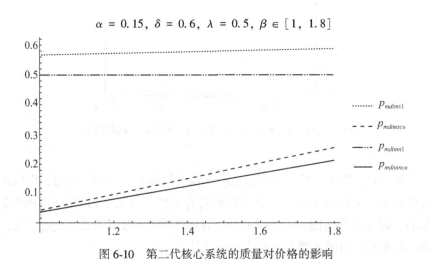

图 6-10　第二代核心系统的质量对价格的影响

耐用性低时，选择模块化架构。因为消费者更换(模块化升级)产品的意愿很高，产品的价格就不能高，加之有以旧换新政策，将最终使得消费者都愿意更换产品，而没有人在第二阶段买第二代产品。此时虽然边际利润高，但是销售量却低，所以这时选择模块化架构。当升级质量的损失度达到一定程度时，制造商应该推出第二代产品(Π^1_{MDTM})。因为推出第二代产品可以对低和中高端消费者差异化定价。一定程度的不兼容，损害了边际利润，虽然销量增加了，但是总利润增加量远不如边际利润上升所带来的增加量大。从图 6-10 可以看到，推第二代产品可以带来更高的边际利润，所以制造商选择 Π^1_{MDTM} 。

图 6-7 说明当以旧换新价格折扣率很低时，制造商应该选择模块化架构，并且不推出第二代产品只让中高端消费者模块化升级产品。因为这时折扣率很大，一体化的产品和模块化的产品之间的边际利润差别降低了，销售量的重要性提升了。所以制造商选择能带来更高销售量的产品架构和销售方式。

图 6-8 说明当以旧换新价格折扣率不小和第二代核心系统质量不低时，制造商应该选择一体化架构，并且要满足低中高端消费者的需求。因为一体化架构的质量高于模块化架构的质量，价格自然也就高些，加之以旧换新价格折扣率不大，所以边际利润高，制造商可以通过高边际利润获得更多的总利润。

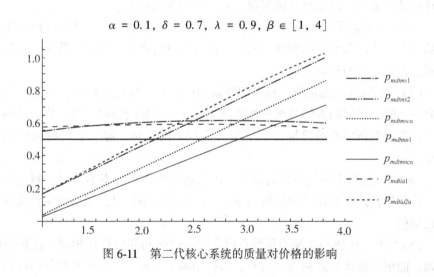

$$\alpha = 0.1, \ \delta = 0.7, \ \lambda = 0.9, \ \beta \in [1, 4]$$

图 6-11 第二代核心系统的质量对价格的影响

从图 6-9 至图 6-11 可以看到，如果第二代核心系统的质量提升得不高，由

85

于产品是耐用产品，到第二阶段还有剩余价值(可以继续使用)，因此消费者更换产品的动力不足，价格也就随之下降。如果第二代核心系统的质量提升得高，消费者更换产品的动力就更大，价格也能随之定得更高。

总之，折扣因子高时，边际利润相对于销售量的扩大能带来更多的总利润。

制造商不推以旧换新时，当第二代核心系统质量高时，制造商会为了扩大销售量而降低价格；当第二代核心系统质量不高时，价格(边际利润)对总利润的影响大于销售量对其的影响，制造商会稳定价格。而推以旧换新时，折扣率很大时，销售量的作用又大于边际利润对总利润的影响。

以旧换新价格折扣率大时，销售量的重要性高于边际利润。

第八节　研究结论与管理启示

本章研究了在动态定价和有以旧换新情况下，耐用品该如何设计架构的问题。研究发现：

(1)当产品是模块化架构时，则制造商无论是静态定价还是动态定价，无论是否推出以旧换新政策，还是是否推出第二代产品，购买了第一代产品的消费者全部都会模块化升级产品。当产品是模块化架构时，无论制造商是静态定价还是动态定价，以旧换新都实现了差异化定价的效果。

(2)当制造商推出以旧换新政策和产品是模块化架构时，动态定价是制造商牺牲第一代产品的边际利润，从而获得销售量的提升，从第二代核心系统的销售上获得更多的利润。

(3)当制造商动态定价、推以旧换新和产品是一体化架构时，当第二代产品质量高时，以旧换新的升级价格要高于第一代产品的价格，第二代产品质量低时，以旧换新的升级价格要低于第一代产品的价格。静态定价的结论刚好相反。

(4)第二代核心系统质量有提升、以旧换新价格折扣率不大时，制造商选择一体化架构。以旧换新价格折扣率大，折扣因子不低时，制造商应该选择一体化架构。

(5)当第二代核心系统质量没有提升时，边际利润的提高相对于销售量的增加，能更多地增加总利润。另外，当折扣因子大时，以旧换新的价格折扣率大反而不会进一步促使消费者更换一体化架构的产品。

(6)当以旧换新的价格折扣率很大时，制造商应该选择模块化架构。

(7)当以旧换新价格折扣率不大和第二代核心系统质量不低时,制造商应该选择一体化架构。

(8)制造商不推以旧换新时,当第二代核心系统质量高时,制造商会为了扩大销售量而降低价格;当第二代核心系统质量不高时,价格(边际利润)对总利润的影响大于销售量对其的影响。而推以旧换新,折扣率很大时,销售量的作用又大于边际利润对总利润的影响。

第七章 耐用品制造商的战略选择

上面 4 章内容对短视型消费者下，制造商静态定价和不推以旧换新、静态定价和推以旧换新、动态定价和不推以旧换新和动态定价和推以旧换新，四种情况下制造商该选择什么样的产品架构进行了分析和比较。

本章将前面的分析和比较进行总结，得到第二代核心系统质量、兼容性和折扣因子因素对制造商策略选择的影响。主要回答 5 个问题。

(1)给定制造商是静态定价时，什么条件下制造商会选择以旧换新和不以旧换新，以及产品架构的选择。

(2)给定制造商是动态定价时，什么条件下制造商会选择以旧换新和不以旧换新，以及产品架构的选择。

(3)给定制造商不推以旧换新时，什么条件下制造商选择静态定价和动态定价，以及产品的架构。

(4)给定制造商推以旧换新时，什么条件下制造商选择静态定价和动态定价，以及产品的架构。

(5)什么条件下，制造商会推以旧换新、采取哪种定价策略(静态和动态)和选择何种产品架构(模块化和一体化架构)。

第一节 产品设计和以旧换新策略的选择与决策

一、制造商静态定价

当制造商变动产品的价格成本("菜单成本")高时，制造商采用静态定价——在期初就把所有产品的价格确定好，并且是相同的价格。这时，第二代核心系统质量、兼容性和折扣因子等因素将会对制造商产品架构和以旧换新政策产生什么样的影响？这将是本书需要解决的第一个问题。如图 7-1 至图7-11 所示。

因为 $\Pi^2_{MSTM} = \Pi_{MSNM}$，所以为了方便表示，下面一律用 Π^2_{MSTM} 来表示。

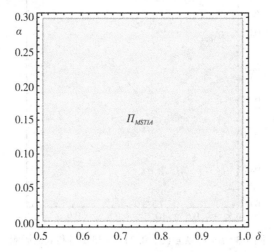

图 7-1 $\beta=1$，$\lambda \in (0.37, 1]$，δ 和 α 对利润的影响

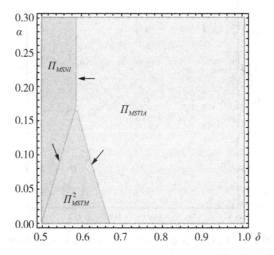

图 7-2 $\beta=1$，$\lambda \in (0.2, 0.37)$，δ 和 α 对利润的影响

一方面，从图 7-1 至图 7-3 可以知道，当第二代核心系统质量没有提高时，如果折扣因子大，消费者更换（升级）产品的动力不足，以旧换新可以降低价格，提升销售量，从而使总利润得到增加。如果折扣因子小，消费者更换（升级）产品的动力大，销售量对总利润的影响大于边际利润的影响，当以旧

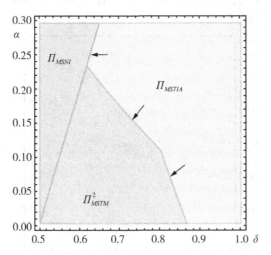

图 7-3 $\beta=1$，$\lambda \in (0, 0.2)$，δ 和 α 对利润的影响

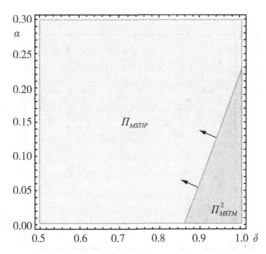

图 7-4 $\beta=1.5$，$\lambda \in [0.75, 1]$，δ 和 α 对利润的影响

换新的折扣力度不是很大时，以旧换新对边际利润的负面影响不大，从而总利润比不以旧换新的总利润高；以旧换新价格折扣率很低时，以旧换新拉低了边际利润，从而兼容性不差时，制造商选择模块化架构，兼容性不佳时选择一体化架构。总之，以旧换新价格折扣率很低时，会促使制造商在折扣因子小时，选择一体化架构和不以旧换新，或者选择兼容性不差的模块化架构和以旧

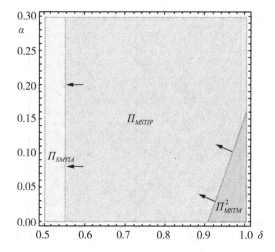

图 7-5　$\beta=1.5$，$\lambda\in(0.7,0.75)$，δ 和 α 对利润的影响

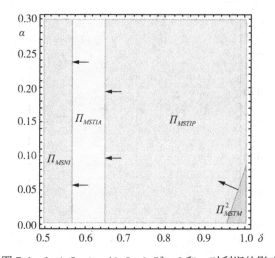

图 7-6　$\beta=1.5$，$\lambda\in(0.5,0.7]$，δ 和 α 对利润的影响

换新。

　　另一方面(图 7-2 和图 7-3)，以旧换新价格折扣率越小，制造商面对没有积极性更换产品的消费者(折扣因子大)可以选择模块化架构的产品，并且兼容性随着折扣力度的增大可以降低。也就是说，以旧换新的价格折扣率(λ)与兼容性(α)呈负相关关系。

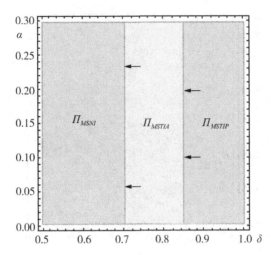

图 7-7　$\beta=1.5$, $\lambda \in (0.25, 0.5]$, δ 和 α 对利润的影响

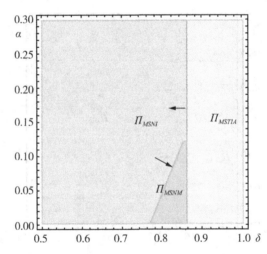

图 7-8　$\beta=1.5$, $\lambda \in (0, 0.25]$, δ 和 α 对利润的影响

从图 7-4 至图 7-6 可知，当第二代核心系统质量适当提高和以旧换新的价格折扣率不大时，如果折扣因子大，制造商可以选择模块化架构。因为，以旧换新虽然拉低了边际利润，但是却扩大了销售量。当消费者不愿意更换产品时，销售量的增加相对于边际利润的增加能给制造商带来更多的总利润。随着以旧换新价格折扣率变小，边际利润被进一步侵蚀，高边际利润的一体化架构

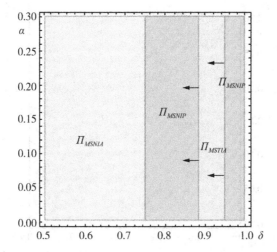

图 7-9 $\beta = 2.5$，$\lambda \in [0.76, 1)$，δ 和 α 对利润的影响

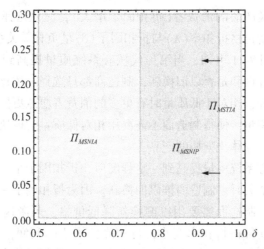

图 7-10 $\beta = 2.5$，$\lambda \in (0.6, 0.76)$，δ 和 α 对利润的影响

能带给制造商更多的利润，因此制造商逐渐倾向于一体化架构。当以旧换新折扣力度很大(图 7-8)，消费者有一定积极性更换产品(折扣因子不大)时，制造商不需要以旧换新，并且可以选择模块化架构的产品。因为这时以旧换新严重侵蚀了边际利润，拉低了总利润。

从图 7-4 至图 7-8 可知，随着以旧换新价格折扣率变小，制造商面对越来

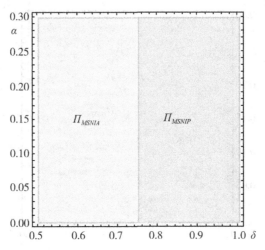

图 7-11　$\beta=2.5$，$\lambda \in (0, 0.6)$ 和 $\beta \in [3, 4.5]$，$\lambda \in (0, 1]$，δ 和 α 对利润的影响

越没有积极性更换产品的消费者（折扣因子增大），应该选择不以旧换新。也就是说，以旧换新价格折扣率（λ）与折扣因子（δ）呈负相关关系。

从图 7-9 至图 7-11 可知，当第二代核心系统质量提高到一定程度后，无论折扣因子、兼容性和是否以旧换新，制造商都只选择一体化架构。因为，这时产品质量足够好，相对于低质量时有更多的消费者愿意更换产品，因此不低的边际利润和销售量，使得制造商不需要用相对低质量的模块化产品来提升销售量，从而只选择一体化架构的产品。

当第二代核心系统质量提高到一定程度后，折扣因子小时，制造商不推以旧换新；折扣因子大时，制造商推以旧换新。因为折扣因子大时，消费者更换产品的愿望不强，制造商需要用以旧换新降低价格，刺激这些消费者更换产品。随着以旧换新价格折扣率变小，折扣降低了边际利润，虽然销售量增加了，但是总体利润相比于没有以旧换新时低了，因此面对越来越不积极更换产品的消费者（折扣因子大），制造商不选择推以旧换新。也就是说，以旧换新价格折扣率（λ）与折扣因子（δ）呈负相关关系。而当第二代核心系统质量提高到一定程度后，制造商不选择以旧换新。

总之，制造商静态定价时，第二代核心系统质量的提升和折扣因子的降低都对以旧换新产生了抑制作用。

二、制造商动态定价

当制造商可以根据市场需求的变动来制定产品的价格时，制造商采用的是动态定价——在每一期根据市场的需求信息，制定当期产品的价格。这时，第二代核心系统质量、兼容性和折扣因素将会对制造商产品架构和以旧换新政策产生什么样的影响？这将是本书需要解决的第二个问题。如图 7-12 至图 7-19 所示。

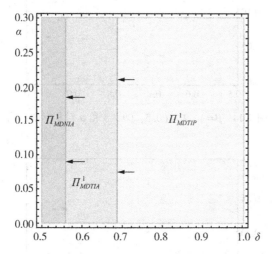

图 7-12 $\beta=1$，$\lambda \in (0.6, 1]$，δ 和 α 对利润的影响

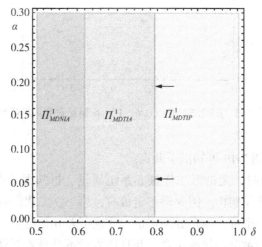

图 7-13 $\beta=1$，$\lambda \in [0.5, 0.6)$，δ 和 α 对利润的影响

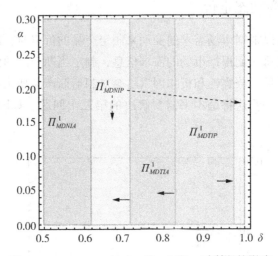

图 7-14　$\beta = 1$，$\lambda \in (0.5, 0)$，δ 和 α 对利润的影响

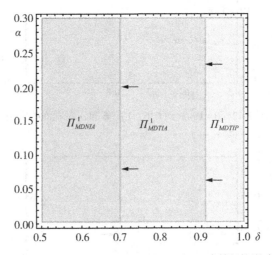

图 7-15　$\beta = 1.5$，$\lambda \in (0.6, 1]$，δ 和 α 对利润的影响

从图 7-12 至图 7-19 可知以下几点。

（1）动态定价时，无论第二代核心系统质量、折扣因子和兼容性是多少，制造商只选择一体化架构。因为动态定价时，第一、二代产品和核心系统不像静态定价时只定一个价，而是分别定价，实现了差异化定价，这样第二代产品的边际利润就不会被第一代所蚕食，并且销售量不会显著下降，总利润也就比

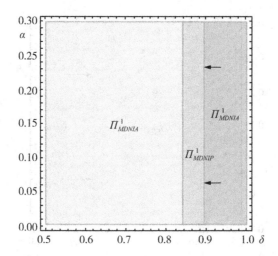

图 7-16　$\beta=1.5$，$\lambda \in (0.2,\ 0.6)$，δ 和 α 对利润的影响

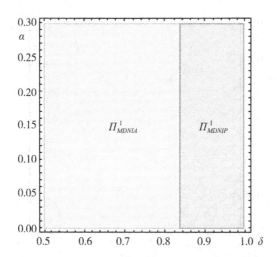

图 7-17　$\beta=1.5$，$\lambda \in (0,\ 0.2]$，δ 和 α 对利润的影响

模块化架构时更高。动态定价时，边际利润增加相对于销售量的增加，能带来更多利润。

（2）折扣因子大时，制造商要推出以旧换新；折扣因子小时，制造商不需要推出以旧换新。折扣因子大时，消费者更换产品的积极性不高，以旧换新降低了价格，刺激了消费者的更换积极性，从而带动了销售量的增加，总利润也

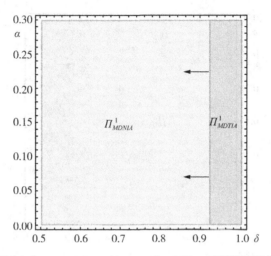

图 7-18 $\beta=2.5$，$\lambda \in (0.75, 1]$，δ 和 α 对利润的影响

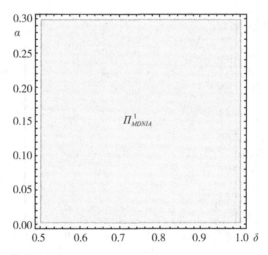

图 7-19 $\beta=2.5$，$\lambda \in (0, 0.75]$ 和 $\beta \in [3, 5]$，$\lambda \in (0, 1]$，δ 和 α 对利润的影响

随着增加。如果以旧换新的折扣力度过大(图 7-14 和图 7-17)，虽然销售量增加了，但是损害了边际利润，反而不推以旧换新会对制造商更有利。

(3)随着第二代核心系统质量的提升，制造商针对折扣因子高的消费者越来越少地使用以旧换新的策略。因为更高的质量提升可以刺激积极性不高的消费者更换产品，这样边际利润提高了，销售量也就不会很低，总利润相对于推以旧换新时更高。

总之，制造商动态定价时，产品选择一体化架构；用来扩大销售量的以旧换新政策不如静态定价时有用；第二代核心系统质量的提升和折扣因子的降低都对以旧换新的影响产生抑制作用。

第二节 产品设计和定价策略的选择与决策

一、制造商不推以旧换新

当制造商不推以旧换新时，第二代核心系统质量、兼容性和折扣因子将会对制造商定价策略产生什么样的影响？这将是本书需要解决的第三个问题。如图 7-20 至图 7-22。

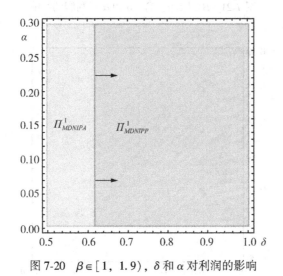

图 7-20 $\beta \in [1, 1.9)$，δ 和 α 对利润的影响

从图 7-20 至图 7-22 可以观察到以下几点。

（1）当制造商不推以旧换新时，无论第二代核心系统质量和折扣因子为多少，制造商只选择动态定价。静态定价虽然会提高销售量，但是边际利润会相对减少，因此总的利润不如动态定价时那么高。

（2）当制造商不推以旧换新时，无论第二代核心系统质量和折扣因子为多少，制造商只选择一体化架构的产品。一体化架构的产品边际利润高于模块化架构的产品，但其销售量却低于模块化架构的产品，但是高边际利润相对于高

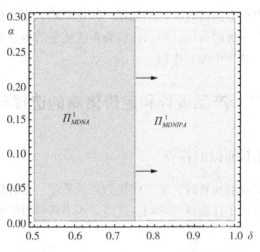

图 7-21 $\beta \in [1.9, 3)$，δ 和 α 对利润的影响

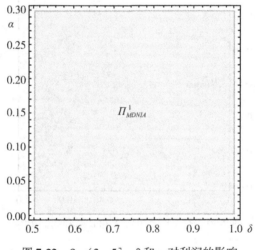

图 7-22 $\beta \in (3, 5]$，δ 和 α 对利润的影响

销售量能带来更多的总利润。

　　综合(1)(2)可知，当制造商不推以旧换新时，边际利润相对于销售量能给总利润带来更大的影响。也就是说，高边际利润带来高利润，低边际利润带来低利润。因此，制造商只选动态定价和一体化架构的产品。

　　(3)随着第二代核心系统质量的提高，制造商可以让更多没有积极性(折扣因子大）更换产品的中高端消费者全部更换产品。此时产品的降价空间也增大了，制造商可以通过降低价格，提升销售量的方法来增加更多的利润。

二、制造商推以旧换新

当制造商推以旧换新时，第二代核心系统质量、兼容性和折扣因子将会对制造商定价策略产生什么样的影响？这将是本书需要解决的第四个问题。如图7-23 至图 7-40 所示。

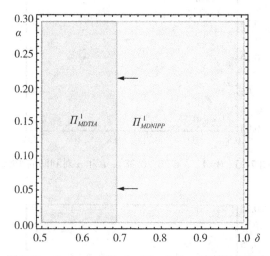

图 7-23　$\beta=1$，$\lambda \in [0.5, 1]$，δ 和 α 对利润的影响

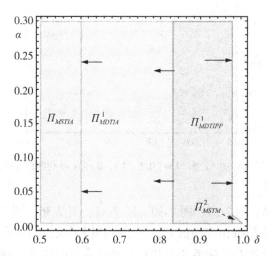

图 7-24　$\beta=1$，$\lambda \in [0.38, 0.5)$，δ 和 α 对利润的影响

因为 $\Pi^2_{MDTM} = \Pi^2_{MSTM}$ ，所以为了方便，下面如果出现这两种情况是重叠时，一律用 Π^2_{MSTM} 来表示。

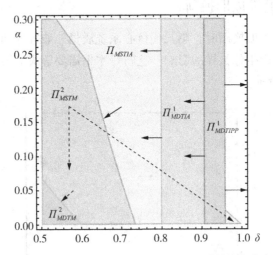

图 7-25　$\beta=1$，$\lambda \in (0, 0.38]$，δ 和 α 对利润的影响

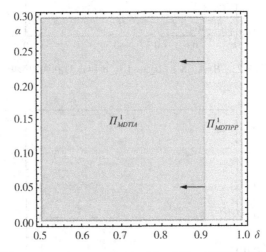

图 7-26　$\beta=1.5$，$\lambda \in [0.6, 1]$，δ 和 α 对利润的影响

（1）从图 7-24、图 7-25、图 7-30、图 7-33、图 7-36、图 7-37 和图 7-40 可知，当以旧换新价格折扣率很低时，如果折扣因子大，制造商可以推出有一定不兼容性的模块化产品，随着第二代核心系统质量的提升，制造商可以面向更

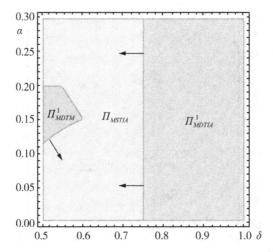

图 7-27　$\beta=1.5$，$\lambda \in [0.5, 0.6)$，δ 和 α 对利润的影响

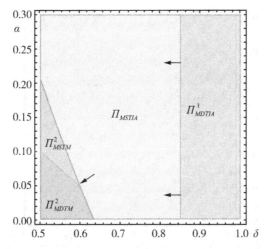

图 7-28　$\beta=1.5$，$\lambda \in (0.25, 0.5)$，δ 和 α 对利润的影响

具积极性更换产品的消费者(折扣因子小)推出模块化产品。因为，高以旧换新的价格折扣率，虽然降低了价格，提升了销售量，但是也侵蚀了边际利润。一体化架构的产品相对于模块化的产品，它的利润更多地受边际利润的影响，过低的边际利润将大幅拉低总利润。也就是说，以旧换新价格折扣率小和折扣因子不低时，销售量的增加能带来更多利润。在折扣因子不变的情况下，随着

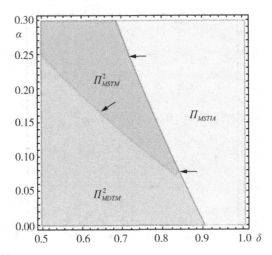

图 7-29　$\beta = 1.5$，$\lambda \in (0,\ 0.25]$，δ 和 α 对利润的影响

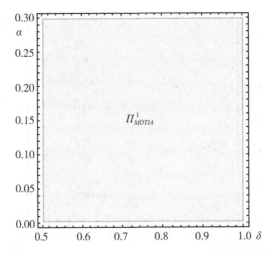

图 7-30　$\beta = 2$，$\lambda \in [0.67,\ 1]$，δ 和 α 对利润的影响

第二代核心系统质量的增加，制造商推出模块化产品时，以旧换新的折扣力度也随之可以降低。

（2）从图 7-25、图 7-27 至图 7-29、图 7-31 至图 7-33、图 7-35 至图 7-37、图 7-39 和图 7-40 可知，当以旧换新的折扣力度超过阈值时，制造商面对积极更换产品的消费者（折扣因子小）应该推出模块化产品，有意思的是产品可以

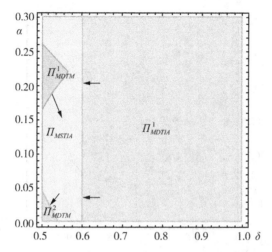

图 7-31　$\beta=2$，$\lambda \in [0.58, 0.67)$，δ 和 α 对利润的影响

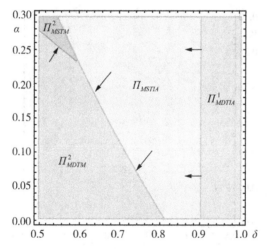

图 7-32　$\beta=2$，$\lambda \in (0.33, 0.58)$，δ 和 α 对利润的影响

存在不兼容性。积极更换产品的消费者能接受质量低些的产品，这样虽然制造商边际利润下降了，但是有更多的消费者更换产品，总利润也就增加了。随着以旧换新价格折扣率变小，制造商可以对不积极更换产品的消费者也推出模块化产品。

　　综合(1)和(2)可以知道，折扣因子小时，销售量对总利润产生更大的影

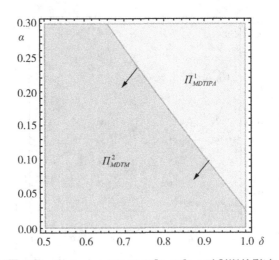

图 7-33　$\beta=2$，$\lambda \in (0, 0.33]$，δ 和 α 对利润的影响

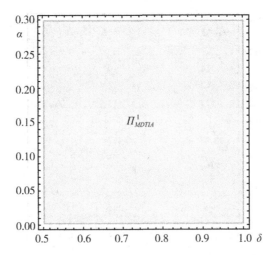

图 7-34　$\beta=3$，$\lambda \in [0.75, 1]$，δ 和 α 对利润的影响

响；折扣因子大时，边际利润的变换对总利润产生更大的影响。

　　(3) 从图 7-25、图 7-28、图 7-29、图 7-31 至图 7-33 和图 7-35 至图 7-40 可以发现，当以旧换新的折扣力度大于阈值，模块化产品兼容性好时，制造商用动态定价；模块化产品兼容性不佳时，制造商用静态定价。兼容性好的产品，边际利润往往更高，此时采用动态定价的方法，制造商可以对第一、二代产品

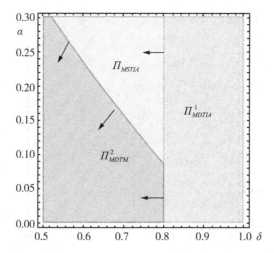

图 7-35　$\beta=3$，$\lambda \in (0.5,\ 0.75)$，δ 和 α 对利润的影响

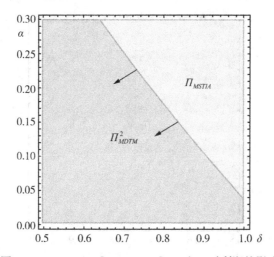

图 7-36　$\beta=3$，$\lambda \in [0.21,\ 0.5]$，δ 和 α 对利润的影响

差异化定价，第二代产品可以定更高的价格，这样总利润高于静态定价时的总利润。产品兼容性不佳时，产品往往卖不起价，边际利润不高，这时用静态定价可以扩大销售量，总利润反而更高。当第二代核心系统质量提升得高和以旧换新的折扣力度大于阈值时，制造商只采用动态定价。因为这时边际利润足够高，就算动态定价的销售量不如静态定价，总利润还是更高。

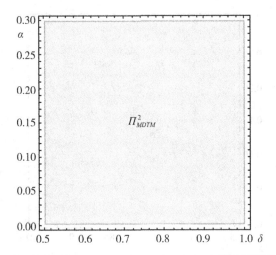

图 7-37　$\beta=3$，$\lambda \in (0, 0.21)$，δ 和 α 对利润的影响

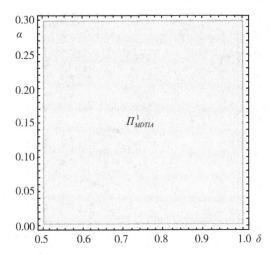

图 7-38　$\beta=5$，$\lambda \in [0.84, 1]$，δ 和 α 对利润的影响

（4）从图 7-23、图 7-26、图 7-30、图 7-34 和图 7-38 可知，当第二代核心系统质量不高，并且以旧换新的折扣力度不大时，制造商推一体化架构和动态定价策略。因为这时第二代核心系统质量不高，边际利润也就不高，加上有以旧换新政策可以提高销售量，因此一体化产品和动态定价都可以提高边际利润，从而使总利润高于其他情况下的总利润。从图 7-33、图 7-37 和图 7-40 可

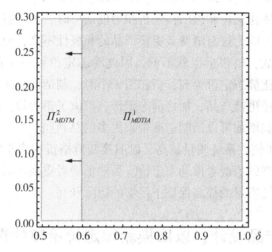

图 7-39　$\beta=5$，$\lambda\in[0.66,0.84)$，δ 和 α 对利润的影响

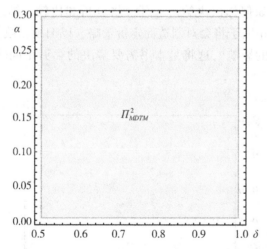

图 7-40　$\beta=5$，$\lambda\in(0,0.66)$，δ 和 α 对利润的影响

知，当第二代核心系统质量足够高，但是以旧换新折扣力度很大时，制造商推模块化产品和动态定价。这时边际利润由于第二代核心质量足够好而不会低，加上以旧换新价格折扣率小，销售量得到保证，因此制造商推质量差些的模块化产品可以进一步扩大销售量，加上动态定价使得边际利润不会低，因此总利润更多。

(5)从图7-24、图7-25、图7-27、图7-28、图7-31、图7-32 和图7-35 可知，当产品是一体化架构和以旧换新折扣力度适中时，如果折扣因子大，制造商选择动态定价。因为这时消费者更换产品的积极性不高，但是以旧换新刺激了消费者的购买欲，销售量也就不低，因此动态定价可以获得更高的边际利润，总利润也就比静态定价要高；折扣因子小时，制造商会选择静态定价。因为这时消费者积极更换产品，加之静态定价，扩大了销售量，此时销售量的扩大相对于边际利润增加可以给制造商带来更多的总利润。

(6)当第二代核心系统质量越高，以旧换新价格折扣率小时，制造商可以针对积极性更不高的消费者推动态定价。虽然消费者更换产品积极性不高，但是第二代核心系统质量的提高保证了足够的边际利润。

第三节 产品设计、以旧换新和定价策略的选择与决策

前面的分析和比较都是围绕给定制造商定价策略或者推与不推以旧换新政策，制造商该如何作出决策。这部分将分析和比较，第二代核心系统质量、兼容性和折扣因子将会对制造商定价策略、以旧换新政策和产品架构的选择产生什么样的影响？这将是本书需要解决的第五个问题。如图 7-41 至图7-47所示。

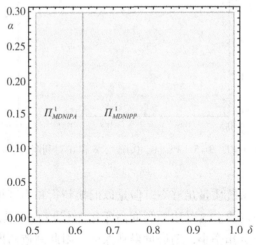

图 7-41 $\beta=1$，$\lambda \in (0, 1]$，δ 和 α 对利润的影响

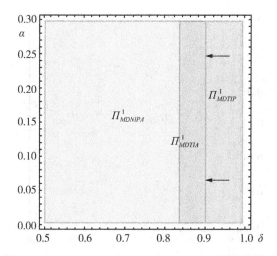

图 7-42　$\beta = 1.5$，$\lambda \in [0.6, 1]$，δ 和 α 对利润的影响

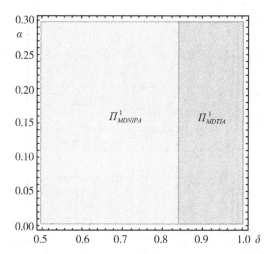

图 7-43　$\beta = 1.5$，$\lambda \in [0.33, 0.66)$，δ 和 α 对利润的影响

　　（1）从图 7-41 至图 7-47 可知，当制造商可以同时决定产品定价策略（静态定价或者动态定价）和是否以旧换新时，无论第二代核心系统质量提升多少、折扣因子是多少，制造商只选择一体化架构的产品，并且动态定价。因为一体化产品和动态定价相对于其他情况都可以提高边际利润，就算是销售量不如其他情况下的销售量，总利润还是更高。

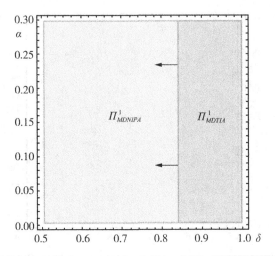

图 7-44　$\beta=1.5$，$\lambda\in(0.2，0.33)$，δ 和 α 对利润的影响

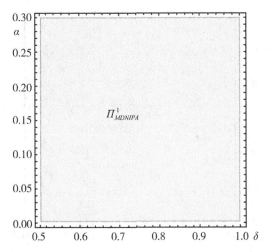

图 7-45　$\beta=1.5$，$\lambda\in(0，0.2]$，δ 和 α 对利润的影响

　　(2)当第二代核心系统质量没有提升时(图 7-41)，制造商不推以旧换新。因为边际利润低，推以旧换新会蚕食掉边际利润，拉低总利润。

　　(3)当第二代核心系统质量有适当提升时(图 7-41 至图 7-45)，制造商面对更换产品积极性低的消费者时，可以采用折扣力度不大的以旧换新政策，并且随着折扣力度的减弱，制造商逐渐对积极性稍微高的消费者不推以旧换新的

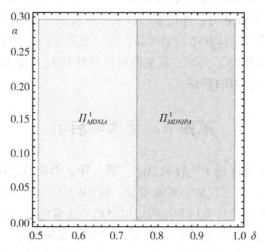

图 7-46 $\beta=3$，$\lambda \in (0, 1]$，δ 和 α 对利润的影响

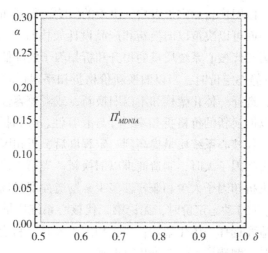

图 7-47 $\beta \in (3, 5]$，$\lambda \in (0, 1]$，δ 和 α 对利润的影响

政策。其他情况则不采用以旧换新。因为针对更换产品积极性不高的消费者，如果不采用以旧换新，是不能扩大销售量的，总利润也就上不去。以旧换新的折扣力度不能大，不然就侵蚀了边际利润，总利润反而下降。

(4) 当第二代核心系统质量提升得高时(图 7-46，图 7-47)，制造商是不会推出以旧换新政策的。因为边际利润足够高，可以获得更多的总利润。

总之，当制造商可以同时决定产品设计架构、定价策略(静态定价或者动态定价)和是否以旧换新时，无论第二代核心系统质量提升多少、折扣因子是多少，制造商只选择一体化架构的产品，并且动态定价；当第二代核心系统质量有适当提升和折扣因子大时，制造商可以推出折扣力度不大的以旧换新政策；其他情况则不推以旧换新。

第四节　管理学启示

本章对三种情况进行了比较和总结：第一种，当定价策略是给定(静态定价和动态定价)时，第二代核心系统质量、折扣因子、兼容性和以旧换新价格折扣率对制造商产品设计架构和是否以旧换新的决策的影响；第二种，当以旧换新给定(有或者没有以旧换新)时，第二代核心系统质量、折扣因子、兼容性和以旧换新价格折扣率对制造商产品设计架构和定价策略的决策的影响；第三种，第二代核心系统质量、折扣因子、兼容性和以旧换新价格折扣率对制造商产品设计架构、以旧换新和定价策略的决策的影响。得到如下结论。

制造商战略层面可以决策以旧换新和产品设计架构时：(1)无论静态定价还是动态定价，第二代核心系统质量的提升和折扣因子的降低都对以旧换新产生抑制作用。(2)静态定价时，当以旧换新价格折扣率很低时，会促使制造商在折扣因子小时，选择一体化架构和不以旧换新，或者兼容性不差的模块化架构和以旧换新。以旧换新的价格折扣率(λ)与兼容性(α)和折扣因子(δ)呈负相关关系。当第二代核心系统质量提高到一定程度后，折扣因子小时，制造商不推以旧换新；折扣因子大时，制造商推以旧换新。当第二代核心系统质量提高到很高时，无论折扣因子大少和兼容性多少，制造商都只选择一体化架构和不选择以旧换新。(3)动态定价时，无论第二代核心系统质量、折扣因子和兼容性为多少，制造商选择一体化架构；当折扣因子大时，制造商要推出以旧换新；折扣因子小时，制造商不需要推出以旧换新。

制造商战略层面可以决策产品设计架构和定价策略时：(1)没有以旧换新时，无论第二代核心系统质量和折扣因子的大小，制造商只选动态定价和一体化架构的产品。(2)有以旧换新时，当第二代核心系统质量提升不高、以旧换新价格折扣率很低和折扣因子小时，制造商可以推出有一定不兼容性的模块化产品。当以旧换新的折扣力度适中时，在相同的折扣因子下，越高的第二代核心系统质量，制造商可以推出兼容性越低的模块化产品，反之，低的第二代核心系统质量，制造商只推一体化产品。当以旧换新的折扣力度小时，制造商推一体化架构和动态定价策略。(3)当以旧换新的折扣力度大于阈值，模块化产品兼容性好时，制造商用动态定价；模块化产品兼容性不佳时，制造商用静态定价。当第二代核心系统质量提升得高和以旧换新的折扣力度大于阈值时，制造商只用动态定价。当第二代核心系统质量足够高和以旧换新折扣力度很大时，制造商推模块化产品和动态定价。(4)当产品是一体化架构和以旧换新折扣力度适中时，如果折扣因子大，制造商选择动态定价。折扣因子小，制造商选择静态定价。

当制造商可以同时决定产品设计架构、定价策略(静态定价或者动态定价)和是否以旧换新时：无论第二代核心系统质量提升多少、折扣因子是多少，制造商只选择一体化架构的产品，并且动态定价；当第二代核心系统质量有适当提升和折扣因子大时，制造商可以推出折扣力度不大的以旧换新政策；其他情况则不推以旧换新。

通过对这三种情况的比较和分析，可以为在某一情况下制造商的战略决策(产品设计架构、以旧换新和定价策略)提供一定的理论指导。

第八章　结论与展望

第一节　本书主要结论

本书研究了耐用品升级换代时，垄断制造商该如何制定产品设计架构、是否有以旧换新和定价策略(静态定价和动态定价)的问题。耐用品由于它的耐用性抑制了新产品的销售。制造商为了提升新产品的销售量往往会采用提升新产品质量、推出以旧换新和通过改变产品架构(从一体化架构改成模块化架构)的策略降低消费者升级产品的成本等手段刺激消费者购买新产品(或者子系统)。本书从两个层面：战略层面(产品设计、以旧换新和定价策略)和定价层面对这一问题进行了研究。本书运用最优化理论建立带多约束条件的价格决策的模型，综合考虑了第二代核心系统质量、以旧换新价格折扣率、折扣因子和兼容性等因素对制造商决策的影响。

本书主要得到以下结论。

(1)制造商战略层面只能决策产品架构时。当产品是模块化架构时，则制造商无论是静态定价还是动态定价，无论是否推出以旧换新政策，还是是否推出第二代产品，购买了第一代产品的消费者全部都会模块化升级产品。

在静态定价和动态定价、无以旧换新情况下(三种)，当第二代核心系统质量高时，制造商选择一体化架构；在动态定价和有以旧换新情况下，当第二代核心系统质量高时，如果以旧换新价格折扣率小，制造商选模块化架构；折扣力度小，制造商选一体化架构。

制造商不推以旧换新时，当静态定价和第二代核心系统的质量不高时，一体化架构时的价格反而低于模块化时的价格；动态定价时，制造商只选择一体化架构，并且制造商通过对第一代产品降价销售(相对于模块化架构产品的价格)，然后在第二阶段定一个不低的价格(相对于模块化)，从而提升整个利润——欲擒故纵。

制造商推出以旧换新时，当动态定价时，如果第二代核心系统质量有一定的提高，以旧换新价格折扣率很低，制造商应该选择模块化架构。

当静态定价时，如果以旧换新价格折扣率很低，折扣因子低时，制造商将选择模块化架构，并且可以存在一定的不兼容性。当第二代核心系统的质量有一定的提高和折扣因子大时，如果以旧换新价格折扣率高，可以在兼容性不超过阈值下选择模块化架构；如果以旧换新价格折扣率低，则反之，制造商选择一体化架构。

（2）制造商战略层面可以决策以旧换新和产品设计架构。无论制造商采用静态定价还是动态定价，第二代核心系统质量的提升和折扣因子的降低都对以旧换新产生抑制作用。

制造商静态定价，以旧换新价格折扣率很低时，会促使制造商在折扣因子小时，选择一体化架构和不以旧换新，或者兼容性不差的模块化架构和以旧换新。以旧换新的价格折扣率（λ）与兼容性（α）和折扣因子（δ）呈负相关关系。

当第二代核心系统质量提高到一定程度后，折扣因子小时，制造商不推以旧换新；折扣因子大时，制造商推以旧换新。当第二代核心系统质量提高到很高时，无论折扣因子大少和兼容性多少，制造商都只选择一体化架构和不选择以旧换新。

制造商动态定价时，制造商选择一体化架构。折扣因子大时，制造商要推出以旧换新；折扣因子小时，制造商不需要推出以旧换新。

（3）制造商战略层面可以决策产品设计架构和定价策略。制造商不推以旧换新时，无论第二代核心系统质量和折扣因子的大小，制造商只选动态定价和一体化架构的产品。

制造商推出以旧换新时，当第二代核心系统质量提升得不高、以旧换新价格折扣率很低和折扣因子小时，制造商可以推出有一定不兼容性的模块化产品。当以旧换新的折扣力度适中时，在相同的折扣因子下，越高的第二代核心系统质量，制造商可以推出兼容性越低的模块化产品，反之，低的第二代核心系统质量，制造商只推一体化产品。当以旧换新的折扣力度小时，制造商推一体化架构和动态定价策略。

当以旧换新的折扣力度大于阈值时，模块化产品兼容性好时，制造商用动态定价；模块化产品兼容性不佳时，制造商用静态定价。当第二代核心系统质量提升程度和以旧换新的折扣力度大于阈值时，制造商只是用动态定价。当第二代核心系统质量足够高和以旧换新折扣力度很大时，制造商推模块化产品和动态定价。

当产品是一体化架构和以旧换新折扣力度适中时，如果折扣因子大，制造商选择动态定价；折扣因子小，制造商选择静态定价。

(4)制造商战略层面可以决策产品设计架构、定价策略和以旧换新策略时，无论第二代核心系统质量提升多少、折扣因子是多少，制造商只选择一体化架构的产品，并且动态定价；当第二代核心系统质量有适当提升和折扣因子大时，制造商可以推出折扣力度不大的以旧换新政策；其他情况则不推以旧换新。

第二节　研究展望

本书研究了耐用品升级情况下，产品设计、以旧换新和定价策略相互影响的问题。在对这个问题进行建模和分析的过程中，本书作出了很多的假设。如果放松这些假设条件将是未来研究中一些不错的研究方向。

(1)考虑成本。本书中假设所有的制造商成本为零，注重于制造商的收益部分。在实际企业管理中，制造商可能处于成本的考虑不会只推出一种产品架构，而是两种架构同时推出。这样制造商又该如何进行产品设计，还需不需要以旧换新？

(2)消费者是战略型消费者。本书只研究了短视型消费者，如果消费者是战略型——作决策时考虑了将来的可能性时，消费者获得净效用将完全不同，制造商为了利润最大将采取不同的定价方式。

(3)加入竞争因素。本书没有考虑市场竞争的因素。在实际企业管理中，市场往往会存在竞争者，这时制造商作决策时就需要考虑到对手的决策。在此情况下，制造商还需要推以旧换新政策吗？推的话，对手的产品是否也可以回收还是只能回收自己的产品？一体化的产品是否会相对于模块化产品处于劣势，还是通过抓住高端消费者获得更高的利润？

(4)本书中以旧换新政策和产品设计是由同一家制造商作出的，其实还有另一种情况：产品设计是制造商决策，以旧换新是供应链下游的零售商决策。在这种情况下，批发价将受以旧换新的影响，这时价格怎么决定？以旧换新扩大了产品的销售量，制造商该如何设计产品？产品设计架构会对零售商产生什么样的影响？

参 考 文 献

[1]张莉莉,董广茂,杨玲.模块化下的产品创新战略[J].科学学研究,
    2005,23(增刊):275-278.
[2]芮明杰,陈娟.模块化原理对知识创新的作用及相关管理策略分析——以
    电脑设计为例[J].管理学报,2004(1):25-27.
[3]陈劲,桂彬旺,陈钰芬.基于模块化开发的复杂产品系统创新案例研
    究[J].科研管理,2006(6):1-8.
[4]项保华,易雪峰.IT行业的产品平台战略[J].科研管理,2000(3):43-48.
[5]侯仁勇,胡树华.企业产品创新平台的构建及其转换[J].科研管理,2003
    (4):66-70.
[6]胡树华,汪秀婷.产品创新平台的理论研究与实证分析——PNGV案例研
    究[J].科研管理,2003(5):8-13.
[7]刘伟,秦波,李翔.产品平台开发项目的选择和规划方法[J].科技进步与
    对策,2009(3):41-44.
[8]朱方伟,蒋兵,张国梁.基于产品技术链的发展中国家企业技术追赶研
    究[J].管理科学,2008(2):79-85.
[9]傅钧文.日本制造业国际竞争力的保持及其新的解释[J].世界经济研究,
    2006(3):27-33.
[10]王晓光.数字内容企业的产品架构与生产流程[J].科技进步与对策,
    2006(10):79-81.
[11]杨俊,杨杰.产品创新的螺旋演进——基于模块生产网络创新系统研
    究[J].科学学与科学技术管理,2007(6):72-76.
[12]皇甫海蓉.模块经济与跨国公司全球战略研究[J].世界经济与政治研究,
    2007(2):17-23.
[13]吴迪.汽车产业模块化进程及制造模式的战略选择[J].科技进步与对策,
    2007(10):79-82.
[14]欧阳桃花.中国企业产品创新管理模式研究(二)——以海尔模块经理为

例[J]. 管理世界, 2007(10): 130-138.

[15]刘志阳, 施祖留. 模块化外包类型、价值与风险研究[J]. 福建论坛: 人文社会科学版, 2009(8): 22-27.

[16]唐春晖. 产品架构、全球价值链与本土企业升级路径[J]. 工业技术经济, 2010, 29(2): 16-20.

[17]陈向东, 严宏, 刘莹. 集成创新和模块创新[J]. 中国软科学, 2002(12): 52-56.

[18]顾良丰, 许庆瑞. 产品模块化与企业技术及其创新的战略管理[J]. 研究与发展管理, 2006(2): 7-14.

[19]刘明宇, 骆品亮. 基于长尾理论的品牌手机集成创新与山寨手机模块创新比较研究[J]. 研究与发展管理, 2010(4): 1-9.

[20]陈建勋, 张婷婷, 吴隆增. 产品模块化对组织绩效的影响: 中国情境下的实证研究[J]. 中国管理科学, 2009, 17(3): 121-130.

[21]程文, 张建华. 中国模块化技术发展与企业产品创新——对 Hausmann Klinger 模型的扩展及实证研究[J]. 管理评论, 2013, 25(1): 34-43.

[22]谢卫红, 王永健, 蓝海林. 产品模块化对企业竞争优势的影响机理研究[J]. 管理学报, 2014, 11(4): 502-509.

[23]Ramachandran, R., Krishnan, V. Design Architecture and Introduction Timing for Rapidly Improving Industrial Products [J]. Manufacturing & Service Operations Management. 2008, 10(1): 149-171.

[24]Swan, P. Durability of Consumption Goods[J]. American Economic Review. 1970, 60(5): 884-894.

[25]Swan, P. The Durability of Goods and Regulation of Monopoly[J]. Bell Journal of Economics. 1971, 2(1): 347-357.

[26]Sieper, E., P. Swan. Monopoly and Competition in the Market for Durable Goods[J]. Review of Economic Studies. 1973, 40(3): 333-351.

[27]Coase, R. H. Durability and Monopoly [J]. Journal of Law and Economics. 1972, 15(1): 143-149.

[28]Akerlof, G. The Market for "Lemons": Quality Uncertainty and the Market Mechanism[J]. Quarterly Journal of Economics. 1970, 84(3): 488-500.

[29]Swan, P. Alcoa: The Influence of Recycling on Monopoly Power[J]. Journal of Political Economy. 1980, 88(1): 76-99.

[30]Bulow, J. Durable Goods Monopolists[J]. Journal of Political Economy. 1982,

90(2): 314-32.

[31] Bulow, J. An Economic Theory of Planned Obsolescence[J]. Quarterly Journal of Economics. 1986, 101(4): 729-49.

[32] Waldman, M. Durable Goods Pricing When Quality Matters[J]. Journal of Business. 1996, 69(4): 489-510.

[33] Waldman, M. Durable Goods Theory for Real World Markets[J]. Journal of Economic Perspectives, 2003, 17(1): 131-154.

[34] Dhebar, A. Durable-goods Monopolists, Rational Consumers, and Improving Products[J]. Marketing Science. 1994, 13(1): 100-120.

[35] Waldman, M. A New Perspective on Planned Obsolescence[J]. The Quarterly Journal of Economics, 1993, 108(1): 273-283.

[36] Waldman, M. Planned Obsolescence and The R&D Decision[J]. The RAND Journal of Economics, 1996, 27(3): 583-595.

[37] Levinthal, D. A. Purohit, Devavrat. Durable Goods and Product Obsolescence [J]. Marketing Science, 1989, 8(1): 35-56.

[38] Fishman, A. G., N. S. Oz. Planned Obsolescence as an Engine of Technological Progress[J]. The Journal of Industrial Economics, 1993, 41(4): 361-370.

[39] Choi, J. P. Network Externality, Compatibility Choice, and Planned Obsolescence[J]. Journal of Industrial Economics, 1994, 42(2): 167-82.

[40] Iizuka, T. An Empirical Analysis of Planned Obsolescence[J]. Journal of economics & management strategy, 2007, 16(1): 191-226.

[41] Miao, C. H. Tying Compatibility and Planned Obsolescence[J]. The Journal of Industrial Economics, 2010, 58(3): 579-606.

[42] Nes, N. V., C. Jacqueline. Conceptual Model on Replacement Behavior[J]. International Journal of Product Development, 2008, 6(3-4): 291-309.

[43] Pangburn, M. S., S. Sundaresan. Capacity Decisions for High-tech Products with Obsolescence[J]. European Journal of Operational Research, 2009, 197 (1): 102-111.

[44] Strausz, R. Planned Obsolescence as an Incentive Device for Unobservable Quality[J]. The Economic Journal, 2009, 119(540): 1405-1421.

[45] Cripps, J. D., R. Meyer. Heuristics and Biases in Timing the Replacement of Durable Products [J]. Journal of Consumer Research, 1994, 21 (2): 304-318.

[46] Fishman, A. , R. Rafael. Product Innovation by a Durable-Good Monopoly[J]. RAND Journal of Economics, 2000, 31(2): 237-252.

[47] Nahm, J. Durable-Goods Monopoly with Endogenous Innovation[J]. Journal of Economics & Management Strategy, 2004, 13(2): 303-319.

[48] Agrawal, V. , S. Kavadias, and L. B. Toktay, The Limits of Planned Obsolescence for Conspicuous Durable Products. invited for second-round review atManufacturing and Service Operations Management. 2014.

[49] Moorthy, K. S. , I. P. L. Png. Market Segmentation, Cannibalization, and the Timing of Product Introductions [J]. Management Science. 1992, 38 (3): 345-359.

[50] Rajagopalan, S. , M. Singh, T. Morton. Capacity Expansion and Replacement in Growing Markets with Uncertain Technological Breakthroughs[J]. Management Science, 1998, 44(1): 12-30.

[51] Regnier, E. , G. Sharp, C. Tovey. Replacement under Ongoing Technological Progress[J]. IIE Transactions, 2004, 36(6): 497-508.

[52] Okada, E. Upgrades and New Purchases[J]. Journal of Marketing, 2006, 70 (4): 92-102.

[53] Sankaranarayanan, R. Innovation and the Durable Goods Monopolist The Optimality of Frequent New-Version Releases[J]. Marketing Science, 2007, 26(6): 774-791.

[54] Mukherjia, N. , B. Rajagopalanb. M. Tanniru. A Decision Support Model for Optimal Timing of Investments in Information Technology Upgrades [J]. Decision Support Systems, 2006, 42(3): 1684-1696.

[55] Özer, Ö. , O. Uncu. Competing on Time an Integrated Framework to Optimize Dynamic Time-to-Market and Production Decisions [J]. Production and Operations Management, 2013, 22(3): 473-488.

[56] Li, H. , S. Graves. D. Rosenfield. Optimal Planning Quantities for Product Transition [J]. Production and Operations Management, 2010, 19 (2): 142-155.

[57] Li, H. , S. Graves. Pricing Decisions During Inter-Generational Product Transition[J]. Production and Operations Management, 2012, 21(1): 14-28.

[58] I Lobel, J Patel, G Vulcano, J Zhang. 2015 Optimizing Product Launches in the Presence of Strategic Consumers [J]. Management Science, 2016, 62

(6): 1778-1799.

[59] Gordon, B. R. , A Dynamic Model of Consumer Replacement Cycles in the PC Processor Industry[J]. Marketing Science, 2009, 28(5): 846-867.

[60] Schiraldi, P. Automobile Replacement a Dynamic Structural Approach[J]. RAND Journal of Economics, 2011, 42(2): 266-291.

[61] Okada, E. M. Trade-ins, Mental Accounting, and Product Replacement Decisions[J]. Consumer Research, 2001, (27): 433-446.

[62] Zhu, R. , X. Chen, S. Dasgupta. Can Trade-Ins Hurt You? Exploring the Effect of a Trade-In on Consumers' Willingness to Pay for a New Product[J]. Journal of Marketing Research, 2008, (45): 159-170.

[63] Kim, J. , R. S. Rao, K. Kim, A. R. Rao. More or Less: A Model and Empirical Evidence on Preferences for Under- and Overpayment in Trade-In Transactions[J]. Journal of Marketing Research, 2011, (48): 157-171.

[64] Sriva Stava. J. , D. Chakravarti. Price Presentation Effects in Purchases Involving Trade-Ins [J]. Journal of Marketing Research, 2011, (48): 910-919.

[65] Ackere, A. Van. , D. J. Reyniers. Trade-ins and Introductory Offers in a Monopoly [J]. The RAND Journal of Economics. 1995, 26(1): 58-74.

[66] Fudenberg, D. , J. Tirole. Upgrades, Tradeins, and Buybacks[J]. The RAND Journal of Economics. 1998, 29(2): 235-258.

[67] Rao, R. S. , O. Narasimhan, G. John. Understanding the Role of Trade-Ins in Durable Goods Markets Theory and Evidence[J]. Marketing Science. 2009, 28 (5): 950-967.

[68] Ray, S. , T. Boyaci, N. Aras. Optimal Prices and Trade-in Rebates for Durable, Remanufacturable Products[J]. Manufacturing & Service Operations Management. 2005, 7(3): 208-228.

[69] Busse, M. R. , J. M. Silva-Risso. "One Discriminatory Rent" or "Double Jeopardy": Multicomponent Negotiation for New Car Purchases. American Economic Review: Papers & Proceedings. 2010, 100: 470-474.

[70] Huang, J. , M. M. Leng, L. P. Liang, C. L. Luo. Qualifying for a Government's Scrappage Program to Stimulate Consumers' Trade-in Transactions? Analysis of an Automobile Supply Chain Involving a Manufacturer and a Retailer [J]. European Journal of Operational Research. 2014, 239(2): 363-376.

[71] Baldwin, C. Y. , K. B. Clark. Managing in an Age of Modularity[J]. Harvard Business Review. 1997, 75(5): 84-93.

[72] Sanchez, R. Modular Architectures in the Marketing Process[J]. Journal of Marketing. 1999, 63: 92-111 (Special Issue).

[73] Mikkola, J. H. Capturing the Degree of Modularity Embedded in Product Architectures[J]. Journal of Product Innovation Management. 2006, 23(2): 128-146.

[74] Kornish, J. L. Pricing for a Durable-Goods Monopolist Under Rapid Sequential Innovation[J]. Management Science. 2001, 47(11): 1552-1561.

[75] Ulrich, K. T. The Role of Product Architecture in The Manufacturing Firms[J]. Research Policy. 1995, 24: 419-440.

[76] Ethiraj, S. , K. Levinthal, D. Roy, Rishi R. The Dual Role of Modularity Innovation and Imitation[J]. Management Science. 2008, 54(5): 939-955.

[77] Krishnan, V. , K. Ramachandran. Integrated Product Architecture and Pricing for Managing Sequential Innovation[J]. Management Science. 2011, 57(11): 2040-2053.

[78] Ülkü, S. , C. V. Dimofte, G. M. Schmidt. Consumer Valuation of Modularly Upgradeable Products[J]. Management Science. 2012, 58(9): 1761-1776.

[79] Yin, Y. , I. Kakuc, C. G. Liu. Product Architecture, Product Development Process, System Integrator and Product Global Performance[J]. Production Planning & Control. 2014, 25(3): 203-219.

[80] Subramanian, R. , M. E. Ferguson, L. B. Toktay. Remanufacturing and the Component Commonality Decision [J]. Production and Operations Management. 2013, 22(1): 36-53.

[81] Agrawal, V. V. , S. Ülkü. The Role of Modular Upgradability as a Green Design Strategy [J]. Manufacturing and Service Operations Management. 2013, 15(4): 640-648.

[82] Glimstedt, H. , D. Bratt. M. P. Karlsson. The Decision to Make or Buy a Critical Technology Semiconductors at Ericsson, 1980-2010 [J]. Industrial and Corporate Change. 2010, 19(2): 431-464.

[83] Ülkü, S. , G. M. Schmidt. Matching Product Architecture and Supply Chain Configuration [J]. Production and Operations Management. 2011, 20(1): 16-31.

[84] Nepal, B. , L. Monplaisir. O. Famuyiwa. Matching Product Architecture with Supply Chain Design [J]. European Journal of Operational Research. 2012, 216(2): 312-325.

[85] Feng, T. , F. Zhang. The Impact of Modular Assembly on Supply Chain Efficiency. Production and Operations Management. 2013, Early View

[86] Besanko, D. , WL. Winston. Optimal Price Skimming by a Monopolist Facing Rational Customers[J]. Management Science. 1990, 36(5): 555-567.

[87] Xu, X. , WJ. Hopp. A Monopolistic and Oligopolistic Stochastic Flow Revenue Management Model[J]. Operation Research. 2006, 54(6): 1098-1109.

[88] Lin, KY. , SY. Sibdari. Dynamic Price Competition with Discrete Customer Choices [J]. European Journal of Operational Research. 2009, 197 (3): 969-980.

[89] Gallego, G. , M. Hu. Dynamic Pricing of Perishable Assets Under Competition. Working paper, Columbia University, New York. 2006.

[90] Perakis, G. , A. Sood. Competitive Multi-period Pricing for Perishable Products: A Robust Optimization Approach[J]. Mathematical Programming. 2006, 107(1): 295-335.

[91] Martínez-de-Albéniz, V. , K. Talluri. Dynamic Price Competition with Fixed Capacities[J]. Management Science. 2011, 57(6): 1078-1093.

[92] Mankiw, N. G. Small Menu Costs and Large Business Cycles: A Macroeconomic Model of Monopoly[J]. The Quarterly Journal of Economics. 1985, 100(2): 529-537.

[93] Zbaracki, M. J. , M. Ritson, D. Levy, S. Dutta, M. Bergen. Managerial and Customer Dimensions of the Costs of Price Adjustment: Direct Evidence from Industrial Markets [J]. Review of Economics and Statistics. 2004, 86 (2): 514-533.

[94] Cachon, G P. , R. Swinney. The Value of Fast Fashion: Quick Response, Enhanced Design, and Strategic Consumer Behavior [J]. Management Science. 2011, 57(4): 778-795.

[95] Swinney, R. Selling to Strategic Consumers When Product Value is Uncertain: The Value of Matching Supply and Demand[J]. Management Science. 2011, 57(10): 1737-1751.

[96] Ovchinnikov, A. , JM. Milner. Revenue Management with Endof-period Discounts

in the Presence of Customer Learning [J]. Production Operation Management. 2012, 21(1): 69-84.

[97]Özer, Ö. , Y. Zheng. Markdown or Everyday Low Price? The Role of Behavioral Motives[J]. Management Science. 2015(5): 31-47.

[98]Whang, S. Demand Uncertainty and the Bayesian Effect in Markdown Pricing with Strategic Customers [J]. Manufacturing & Service Operation Management. 2015, 17(1): 66-77.

附　　录

当消费者是短视型，制造商采用静态定价、不推以旧换新和产品是模块化架构时，第一种情况，没有购买第一代产品的消费者会购买第二代产品，即：

$$\theta_{msnm2} = 1 => p_{msnmsb} = C$$
$$1 \geqslant \theta_{msnm3} => D \geqslant p_{msnmsc}$$

$$\theta_{msnm3} \geqslant \theta_{msnm1} => A - D > 0, \ p_{msnmsc} \geqslant \frac{D}{A - D} p_{msnmsb}$$

$$\theta_{msnm1} \geqslant \theta_{msnm4} => B \geqslant A$$

则，这时制造商的利润函数为：

$$\Pi_{MSNM}^1 = \max_{p_{msnmsb}, \ p_{msnmsc}} (p_{msnmsb} + p_{msnmsc}) \ D_{msnm1} + \delta [(p_{msnmsb} + p_{msnmsc}) \ D_{msnm2} + p_{msnmsc} \ D_{msnmm}]$$

$$\text{s. t.} \begin{cases} B \geqslant A, \ A > D \\ D \geqslant p_{msnmsc} \\ p_{msnmsc} \geqslant \dfrac{D}{A - D} p_{msnmb1} \\ p_{msnmsb} = C \\ p_{msnmsb}, \ p_{msnmsc} > 0 \end{cases}$$

命题 3.1　当制造商静态定价、不推以旧换新和产品是模块化架构，$A > D + C$ 和 $-A(B + B\delta - 2C\delta) + B(2C + D + D\delta) > 0$ 时，最优价格为：

$$p_{msnmsb}^* = C, \ p_{msnmsc}^* = \frac{CD}{A - D} \text{ 时,}$$

所有购买了第一代产品的消费者都会模块化升级产品。

证明：制造商的利润函数所对应的 Langrage 函数是：

$$L_{msnm}^1 (p_{msnmsb}, \ p_{msnmsc}, \ \eta_1, \ \eta_2, \ \eta_3) = \Pi_{MSNM}^1 + \eta_1 (D - p_{msnmsc}) + \eta_2 (p_{msnmsc} - \frac{D}{A - D} p_{msnmsb}) + \eta_3 (p_{msnmsb} - C)$$

用 KKT 解出 7 种情况：

（1）当 $\eta_3 = 0$，$\eta_1 = \dfrac{-2B(C+D)(-1+\delta) + A[-B+2(C+D)\delta]}{AB}$，$\eta_2 =$

$\dfrac{2B(C+D)(-1+\delta) + A[B-B\delta-2(C+D)\delta]}{AB}$ 时，$p^*_{msnmsb} = C$，$p^*_{msnmsc} = D$，

则 $\theta_{msnm2} - 1 = 1 - \theta_{msnm3} = 0$，此时没有消费者进行模块化升级，所以此种情况不合理。

（2）当 $\eta_1 = 0$，$\eta_2 = -\dfrac{AB + 2A^2\delta - 2AB\delta + BD\delta}{BD}$，$\eta_3 =$

$-\dfrac{(A-D)(B+2A\delta-2B\delta)}{BD}$ 时，$p^*_{msnmb1} = A - D$，$p^*_{msnmc1} = D$，则 $1 - \theta_{msnm3} = \theta_{msnm3}$

$- \theta_{msnm1} = 0$，此时没有消费者进行模块化升级，所以此种情况不合理。

（3）当 $\eta_1 = \eta_3 = 0$，$\eta_2 = -\delta$ 时，$\eta_2 < 0$，所以此种情况不存在。

（4）当 $\eta_1 = \eta_2 = 0$，$\eta_3 = -\dfrac{(A-B)(A-D)\delta^2}{A^2\delta + BD\delta + A(B-B\delta)}$ 时，

$p^*_{msnmsb} = \dfrac{B(A-D)(A+D\delta)}{2[A^2\delta + BD\delta + A(B-B\delta)]}$，$p^*_{msnmsc} = \dfrac{BD(A+D\delta)}{2[A^2\delta + BD\delta + A(B-B\delta)]}$，则

$\theta_{msnm2} - 1 > 0$，与约束条件矛盾，此种情况不合理。

（5）当 $\eta_2 = 0$，

$$\eta_1 = \dfrac{-AB(2C+D)(-1+\delta) + BD(2C+D)\delta - A^2(B-2C\delta)}{B(A-D)^2}$$

$$\eta_3 = \dfrac{-A(B+B\delta-2C\delta) + B(2C+D+D\delta)}{B(A-D)} \text{ 时,}$$

$p^*_{msnmsb} = C$，$p^*_{msnmsc} = \dfrac{CD}{A-D}$，则 $\theta_{msnm2} - 1 = \theta_{msnm3} - \theta_{msnm1} = 0$，当 $A > D + C$ 和

$-A(B+B\delta-2C\delta) + B(2C+D+D\delta) > 0$ 时，所有购买了第一代产品的消费者都会模块化升级产品。

（6）当 $\eta_2 = \eta_3 = 0$，

$$\eta_1 = \dfrac{\delta\{-B(2C+D)(-1+\delta) + A[-B+(2C+D)\delta]\}}{AD\delta + B(D+A\delta-D\delta)} \text{ 时,}$$

$(\theta_{msnm3} - \theta_{msnm1})\eta_1 < 0$，所以此种情况不存在。

（7）当 $\eta_1 = \eta_2 = \eta_3 = 0$ 时，$p^*_{msnmsb} = \dfrac{BD(-1+\delta) + A(B-D\delta)}{2(B+A\delta-B\delta)}$，

$p^*_{msnmsc} = \dfrac{D}{2}$，则 $\theta_{msnm3} - \theta_{msnm1} < 0$ 与约束条件矛盾，所以这种情况不存在。

证毕。

为了讨论问题的方便性和不失一般性，我们假设 $A = q_1 = 1$，$q_b = q_c = 0.5$。

推论 3.1　当制造商静态定价、不推以旧换新和产品是模块化架构，$1 = A > D + C$，$-A(B + B\delta - 2C\delta) + B(2C + D + D\delta) > 0$ 和 $q_b = q_c = 0.5$ 时，基础系统和核心系统价格之间存在如下关系：

$$
\begin{cases}
p_{msnmsc}^* \geq p_{msnmsb}^* \begin{cases} \text{当}\ \delta \geq \dfrac{\alpha}{1 + \alpha}\ \text{时}, \beta \in \left[\dfrac{\delta(1 + \alpha) + 1}{1 - \alpha}, \dfrac{\delta(1 + \alpha) + 2}{1 - \alpha} \right) \\[3mm] \text{当}\ \delta < \dfrac{\alpha}{1 + \alpha}\ \text{时}, \beta \in \left(\dfrac{1 + \alpha}{1 - \alpha}, \dfrac{\delta(1 + \alpha) + 2}{1 - \alpha} \right) \end{cases} \\[8mm]
p_{msnmsc}^* < p_{msnmsb}^* \quad \text{当}\ \delta > \dfrac{\alpha}{1 + \alpha}\ \text{时}, \beta \in \left(\dfrac{1 + \alpha}{1 - \alpha}, \dfrac{\delta(1 + \alpha) + 1}{1 - \alpha} \right)
\end{cases}
$$

证明：先找到 $p_{msnmsc}^* \geq p_{msnmsb}^*$ 的条件。因为：

$$
p_{msnmsc}^* \geq p_{msnmsb}^* => \frac{CD}{A - D} - C \geq 0 => \frac{C}{A - D}[D - (A - D)] \geq 0 => 2D \geq A
$$

$$
=> (1 - \alpha)(\delta + \beta) \geq 1 + 2\delta => \beta \geq \frac{\delta(1 + \alpha) + 1}{1 - \alpha}
$$

$$
A > D => 1 > 0.5(1 - \alpha)(\delta + \beta) - \delta => \beta < \frac{\delta(1 + \alpha) + 2}{1 - \alpha}
$$

$$
B \geq A => 0.5(1 - \alpha)(1 + \beta) \geq 1 => \beta \geq \frac{1 + \alpha}{1 - \alpha}。
$$

所以，当 $\dfrac{\delta(1 + \alpha) + 1}{1 - \alpha} \geq \dfrac{1 + \alpha}{1 - \alpha} => \delta \geq \dfrac{\alpha}{1 + \alpha}$，也就是 $\beta \in$ $[\dfrac{\delta(1 + \alpha) + 1}{1 - \alpha}, \dfrac{\delta(1 + \alpha) + 2}{1 - \alpha})$，和 $\dfrac{\delta(1 + \alpha) + 1}{1 - \alpha} < \dfrac{1 + \alpha}{1 - \alpha} => \delta < \dfrac{\alpha}{1 + \alpha}$，也就是 $\beta \in (\dfrac{1 + \alpha}{1 - \alpha}, \dfrac{\delta(1 + \alpha) + 2}{1 - \alpha})$ 时，$p_{msnmc1}^* \geq p_{msnmb1}^*$。

而，$p_{msnmsc}^* < p_{msnmsb}^* => \beta < \dfrac{\delta(1 + \alpha) + 1}{1 - \alpha} => \beta < \dfrac{\delta(1 + \alpha) + 1}{1 - \alpha} < \dfrac{\delta(1 + \alpha) + 2}{1 - \alpha}$。所以，当 $\dfrac{\delta(1 + \alpha) + 1}{1 - \alpha} > \dfrac{1 + \alpha}{1 - \alpha} => \delta > \dfrac{\alpha}{1 + \alpha}$，也就是 $\beta \in [\dfrac{1 + \alpha}{1 - \alpha}, \dfrac{\delta(1 + \alpha) + 1}{1 - \alpha})$ 时，$p_{msnmsc}^* < p_{msnmsb}^*$。

证毕。

当消费者是短视型，制造商采用静态定价、不推以旧换新和产品是模块化架构时，第二种情况，制造商不推出第二代产品，即：

$$1 \geqslant \theta_{msnm3} => D \geqslant p_{msnmnc}$$

$$\theta_{msnm3} \geqslant \theta_{msnm1} => A - D > 0, \ p_{msnmnc} \geqslant \frac{D}{A - D} p_{msnmnb}$$

$$\theta_{msnm1} \geqslant \theta_{msnm4} => B \geqslant A$$

则，这时制造商的利润函数为：

$$\Pi_{MSNM}^2 = \max_{p_{msnmnb}, \ p_{msnmnc}} (p_{msnmnb} + p_{msnmnc}) D_{msnm1} + \delta p_{msnmnc} D_{msnmm}$$

$$\text{s. t.} \begin{cases} B \geqslant A, \ A > D \\ D \geqslant p_{msnmnc} \\ p_{msnmnc} \geqslant \dfrac{D}{A - D} p_{msnmnb} \\ p_{msnmnb}, \ p_{msnmnc} > 0 \end{cases}$$

命题 3.2　当制造商静态定价、不推以旧换新和产品是模块化架构，并且不推出第二代产品，$A > D$ 时，最优价格为：

$$p_{msnmnb}^* = \frac{A - D}{2}, \ p_{msnmnc}^* = \frac{D}{2} \ \text{时,}$$

所有购买了第一代产品的消费者都会模块化升级产品。

证明： 制造商的利润函数所对应的 Langrage 函数是：

$$L_{msnm}^2 (p_{msnmnb}, \ p_{msnmnc}, \ \eta_1, \ \eta_2)$$

$$= \Pi_{MSNM}^2 + \eta_1 (D - p_{msnmnc}) + \eta_2 \left(p_{msnmnc} - \frac{D}{A - D} p_{msnmnb} \right)$$

用 KKT 解出 3 种情况：

（1）当 $\eta_1 = \eta_2 = 0$ 时，$p_{msnmnb}^* = \dfrac{A - D}{2}$, $p_{msnmnc}^* = \dfrac{D}{2}$, 满足约束条件，同时 $\theta_{msnm3} - \theta_{msnm1} = 0$，所以当 $A > D$ 时，此种情况存在合理最优解。

（2）当 $\eta_1 = -\dfrac{A + D\delta}{D}$, $\eta_2 = -\dfrac{A - D}{D}$ 时，$\eta_1 < 0$，所以此种情况不存在最优解。

（3）当 $\eta_2 = 0$, $\eta_1 = -\delta$ 时，$\eta_1 < 0$，所以此种情况不存在最优解。
证毕。

推论 3.2　当制造商静态定价、不推以旧换新和产品是模块化架构，$1 = A > D + C$、$-A(B + B\delta - 2C\delta) + B(2C + D + D\delta) > 0$ 和 $q_b = q_c = 0.5$ 时，

$$\begin{cases} p^*_{msnmnc} \geq p^*_{msnmsc} & \text{当}\beta \in \left(\dfrac{1+\alpha}{1-\alpha}, \dfrac{3\delta+2\alpha-\alpha\delta}{1-\alpha}\right]\text{时} \\ p^*_{msnmnc} < p^*_{msnmsc} & \text{当}\beta \in \left(\dfrac{3\delta+2\alpha-\alpha\delta}{1-\alpha}, \dfrac{\delta(1+\alpha)+2}{1-\alpha}\right)\text{时} \end{cases}$$

同样，p^*_{msnmn} 和 p^*_{msnms} 也存在这样的大小关系，即

$$\begin{cases} p^*_{msnmn} \geq p^*_{msnms} & \text{当}\beta \in \left(\dfrac{1+\alpha}{1-\alpha}, \dfrac{3\delta+2\alpha-\alpha\delta}{1-\alpha}\right]\text{时} \\ p^*_{msnmn} < p^*_{msnms} & \text{当}\beta \in \left(\dfrac{3\delta+2\alpha-\alpha\delta}{1-\alpha}, \dfrac{\delta(1+\alpha)+2}{1-\alpha}\right)\text{时} \end{cases}$$

证明：因为 $p^*_{msnmnc} - p^*_{msnmsc} = D\left(\dfrac{1}{2} - \dfrac{C}{A-D}\right)$，而 $p^*_{msnmn} - p^*_{msnms} = \dfrac{1}{2} - \dfrac{C}{A-D}$，因此找到 p^*_{msnmnc} 和 p^*_{msnmsc} 的大小关系，也就找到了 p^*_{msnmn} 和 p^*_{msnms} 的大小关系。

$$p^*_{msnmnc} - p^*_{msnmsc} = D\left(\dfrac{1}{2} - \dfrac{C}{A-D}\right) = \dfrac{D}{2(A-D)}[1+\delta-(1-\alpha)(1-0.5\delta) -$$

$0.5\beta(1-\alpha)]$。所以，当 $\dfrac{1+\alpha}{1-\alpha} < \beta \leq \dfrac{3\delta+2\alpha-\alpha\delta}{1-\alpha} < \dfrac{\delta(1+\alpha)+2}{1-\alpha}$ 时，p^*_{msnmnc}

$\geq p^*_{msnmsc}$；当 $\dfrac{3\delta+2\alpha-\alpha\delta}{1-\alpha} < \beta < \dfrac{\delta(1+\alpha)+2}{1-\alpha}$ 时，$p^*_{msnmnc} < p^*_{msnmsc}$。

证毕。

命题 3.3　当制造商静态定价、不推以旧换新和产品是一体化架构和 $A \geq E_I$ 时，一部分购买了第一代产品的消费者以最优价格：

$$p^*_{msni} = \dfrac{A B_I E_I (1+\delta)}{2[A E_I \delta + B_I (E_I + A\delta - E_I\delta)]}$$

整体更换成第二代产品。并且，当 $A > E_I$ 时，购买了第一代产品的消费者只有部分更换产品；当 $A = E_I$ 时，购买了第一代产品的消费者全部更换产品。

证明：当 $B_I \geq A$ 时，制造商的利润函数所对应的 Langrage 函数是：

$$L_{msni}(p_{msni}, \eta_1, \eta_2) = \Pi_{MSNI} + \eta_1\left(1 - \dfrac{p_{msni}}{E_I}\right) + \eta_2\left(\dfrac{p_{msni}}{E_I} - \dfrac{p_{msni}}{A}\right)$$

用 KKT 解出 3 种情况：

（1）当 $\eta_1 = 0$，$\eta_2 = -\dfrac{A E_I(1+\delta)}{A-E_I}$ 时，$p_{msni} = 0$ 不符合约束条件 $p_{msni} > 0$，所以此种情况要舍去。

（2）当 $\eta_2 = 0$，$\eta_1 = \dfrac{E_l\,[\,2\,B_l\,E_l\,(-1+\delta) + A\,(B_l - B_l\delta - 2\,E_l\delta)\,]}{AB}$ 时，$1 -$

$\theta_{msni3} = 0$ 没有消费者更换产品，所以此种情况要舍去。

（3）当 $\eta_1 = \eta_2 = 0$，$A > E_l$ 时，$p_{msni}^{*} = \dfrac{A\,B_l\,E_l\,(1+\delta)}{2\,[\,A\,E_l\delta + B_l\,(E_l + A\delta - E_l\delta)\,]}$，满足

所有约束条件。并且，当 $A > E_l$ 时，$\theta_{msni3} - \theta_{msni1} > 0$，购买了第一代产品的消费者只有部分更换产品；当 $A = E_l$ 时，$\theta_{msni3} - \theta_{msni1} = 0$，购买了第一代产品的消费者全部更换产品。证毕。

推论 3.3　当制造商静态定价和不推以旧换新，$1 = A > E_l$、$A > D + C$、$-A(B + B\delta - 2C\delta) + B(2C + D + D\delta) > 0$ 和 $q_b = q_c = 0.5$ 时，模块化架构和一体化架构的价格和利润之间存在如下大小关系：

$$\begin{cases} p_{msnmn}^{*} \geqslant p_{msni}^{*} & \text{当}\ \beta \in [\,1,\ \delta + \sqrt{1+\delta^2}\,]\ \text{时} \\ p_{msnmn}^{*} < p_{msni}^{*} & \text{当}\ \beta \in (\delta + \sqrt{1+\delta^2},\ +\infty)\ \text{时} \end{cases}$$

当 $\delta = 1$ 时，

$$p_{msni}^{*} \geqslant p_{msnms}^{*},\ \Pi_{MSNI}^{*} \geqslant \Pi_{MSNM}^{1*},$$

$$\begin{cases} \Pi_{MSNI}^{*} \geqslant \Pi_{MSNM}^{2*} & \text{当}\ \beta \in \left[\dfrac{2}{1+\alpha},\ +\infty\right)\ \text{时} \\[2mm] \Pi_{MSNI}^{*} < \Pi_{MSNM}^{2*} & \text{当}\ \beta \in \left[1,\ \dfrac{2}{1+\alpha}\right)\ \text{时} \end{cases}$$

证明：因为：

$$\begin{aligned} p_{msnmn}^{*} - p_{msni}^{*} &= \frac{1}{2} - \frac{A\,B_l\,E_l\,(1+\delta)}{2\,[\,A\,E_l\delta + B_l\,(E_l + A\delta - E_l\delta)\,]} \\[2mm] &= \frac{E_l\delta + B_l\delta - 2\,B_l\,E_l\delta}{2\,[\,A\,E_l\delta + B_l\,(E_l + A\delta - E_l\delta)\,]} \\[2mm] &= \frac{(-2\,B_l^2 + 2(1+\delta)\,B_l - \delta)\delta}{2\,[\,A\,E_l\delta + B_l\,(E_l + A\delta - E_l\delta)\,]}, \end{aligned}$$

分母是始终大于零的，所以分子的正负影响 p_{msnmn}^{*} 和 p_{msni}^{*} 的大小关系。如果 $-2\,B_l^2 + 2(1+\delta)\,B_l - \delta \geqslant 0$，解出 $\beta \in [\,1,\ \delta + \sqrt{1+\delta^2}\,]$；如果 $-2\,B_l^2 + 2(1+\delta)\,B_l - \delta < 0$，解出 $\beta \in (\delta + \sqrt{1+\delta^2},\ +\infty)$。

当 $\delta = 1$ 时，$p_{msni}^{*} - p_{msnms}^{*} = \dfrac{A\,B_l\,E_l\,(1+\delta)}{2\,[\,A\,E_l\delta + B_l\,(E_l + A\delta - E_l\delta)\,]} - \dfrac{C}{A - D} => $

$$\frac{0.25\,\beta^2 - 0.25}{\beta} \geqslant 0$$

$$\Pi_{MSNI}^* - \Pi_{MSNM}^{1*} = \frac{A\,B_I\,E_I\,(1+\delta)^2}{4\,[\,A\,E_I\delta + B_I(E_I + A\delta - E_I\delta)\,]} -$$

$$\left[-\frac{C\,[\,-AB(C+D)(-1+\delta) + BD(C+D)\delta + A^2(-B+C\delta)\,]}{B\,(A-D)^2} \right]$$

$$= \frac{0.25\,\beta^2 - 0.25}{\beta} \geqslant 0$$

$$\Pi_{MSNI}^* - \Pi_{MSNM}^{2*} = \frac{A\,B_I\,E_I\,(1+\delta)^2}{4\,[\,A\,E_I\delta + B_I(E_I + A\delta - E_I\delta)\,]} - \frac{1}{4}(A+D\delta)$$

$$= \frac{-0.25 + (-0.125 + 0.125\alpha)\beta + (0.125 + 0.125\alpha)\beta^2}{\beta}$$

如果 $-0.25 + (-0.125 + 0.125\alpha)\beta + (0.125 + 0.125\alpha)\beta^2 \geqslant 0$，解出 $\beta \in [\frac{2}{1+\alpha}, +\infty)$；如果 $-0.25 + (-0.125 + 0.125\alpha)\beta + (0.125 + 0.125\alpha)\beta^2 < 0$，解出 $\beta \in [1, \frac{2}{1+\alpha})$。

证毕。

当消费者是短视型，制造商采用静态定价、推以旧换新和产品是模块化架构时，第一种情况，没有购买第一代产品的消费者会购买第二代产品，即：

$$\theta_{mstm2} = 1 => p_{mstmb1} + p_{mstmc1} - p_{mstmcu1} = C$$

$$1 \geqslant \theta_{mstm3} => D \geqslant p_{mstmcu1}$$

$$\theta_{mstm3} \geqslant \theta_{mstm1} => p_{mstmcu1} \geqslant \frac{D}{A}(p_{msnmb1} + p_{msnmc1})$$

$$\theta_{mstm1} \geqslant \theta_{mstm4} => B \geqslant A$$

则，这时制造商的利润函数可以化简为：

$$\Pi_{MSTM}^1 = \max_{p_{mstmb1},\,p_{mstmc1}} (p_{mstmb1} + p_{mstmc1})\,D_{mstm1} + \delta[\,(p_{mstmb1} + p_{mstmc1})\,D_{mstm2} + p_{mstmcu1}\,D_{mstmm}\,]$$

$$\text{s. t.} \begin{cases} B \geqslant A \\ p_{mstmb1} + p_{mstmc1} - p_{mstmcu1} = C \\ D \geqslant p_{mstmcu1} \\ p_{mstmcu1} \geqslant \frac{D}{A}(p_{msnmb1} + p_{msnmc1}) \\ p_{mstmb1},\ p_{mstmc1} > 0 \end{cases}$$

命题 4.1　当制造商静态定价、推以旧换新和产品是模块化架构，$B > A > D + C$、$\lambda > D$ 和 $-A(B + B\delta - 2C\delta) + B(2C + D + D\delta) > 0$ 时，制造商同时推出第二代产品和第二代核心系统的最优价格为：

$$p^*_{mstmb1} = -\frac{CD - AC\lambda}{(A - D)\lambda}, \quad p^*_{mstmc1} = \frac{CD}{(A - D)\lambda} \text{ 时,}$$

所有购买了第一代产品的消费者都会模块化升级产品。

证明：制造商的利润函数所对应的 Langrage 函数是：

$$L^1_{mstm}(p_{mstm1}, p_{mstmc1}, \eta_1, \eta_2, \eta_3) = \Pi^1_{MSTM} + \eta_1(p_{mstmb1} + p_{mstmc1} - \lambda p_{mstmc1} - C)$$
$$+ \eta_2(D - \lambda p_{mstmc1}) + \eta_3(\lambda p_{mstmc1} - D(p_{mstmb1} + p_{mstmc1}))$$

用 KKT 解出 7 种情况：

（1）当 $\eta_1 = \eta_2 = 0$，$\eta_3 = -\dfrac{A(A\delta^2 - B\delta^2)}{AB + A^2\delta - AB\delta + BD\delta}$ 时，

$$p^*_{mstmb1} = -\frac{B(A + D\delta)(-D + A\lambda)}{2(-AB - A^2\delta + AB\delta - BD\delta)\lambda}$$

$$p^*_{mstmc1} = -\frac{BD(A + D\delta)}{2(-AB - A^2\delta + AB\delta - BD\delta)\lambda},$$

$\theta_{mstm2} - 1 \neq 0$，不满足约束条件，此种情况解不存在。

（2）当 $\eta_2 = 0$，

$$\eta_1 = \frac{-AB(2C + D)(-1 + \delta) + BD(2C + D)\delta - A^2(B - 2C\delta)}{B(A - D)^2},$$

$$\eta_3 = \frac{A[-A(B + B\delta - 2C\delta) + B(2C + D + D\delta)]}{B(A - D)^2} \text{ 时,}$$

$p^*_{mstmb1} = -\dfrac{CD - AC\lambda}{(A - D)\lambda}$，$p^*_{mstmc1} = \dfrac{CD}{(A - D)\lambda}$，满足所有约束条件，并且 $\theta_{mstm3} - \theta_{mstm1}$
$= 0$，当 $B > A > D + C$、$\lambda > D$ 和 $-A(B + B\delta - 2C\delta) + B(2C + D + D\delta) > 0$ 时，所有购买了第一代产品的消费者都会模块化升级产品。

（3）当 $\eta_2 = \eta_3 = 0$，

$$\eta_1 = \frac{\delta(-B(2C + D)(-1 + \delta) + A[-B + (2C + D)\delta])}{AD\delta + B(D + A\delta - D\delta)} \text{ 时,}$$

$$p^*_{mstmb1} = -\frac{[2BCD(-1 + \delta)] - A\{2CD\delta + B[D(1 + \delta)(-1 + \lambda) + 2C\delta\lambda]\}}{\{2[AD\delta + B(D + A\delta - D\delta)]\lambda\}},$$

$$p^*_{mstmc1} = \frac{D[2BC(-1+\delta) + A(B + B\delta - 2C\delta)]}{2[AD\delta + B(D + A\delta - D\delta)]\lambda}$$

$\eta_1(\theta_{mstm3} - \theta_{mstm1}) < 0$，没有消费者愿意模块化升级产品，所以此种情况不存在最优解。

（4）当 $\eta_1 = 0$，$\eta_2 = -\dfrac{AB + 2A^2\delta - 2AB\delta + BD\delta}{BD}$，$\eta_3 = -\dfrac{AB + 2A^2\delta - 2AB\delta}{BD}$

时，$p^*_{mstmb1} = -\dfrac{D - A\lambda}{\lambda}$，$p^*_{mstmc1} = \dfrac{D}{\lambda}$，$\theta_{mstm2} - 1 \neq 0$，不满足约束条件，所以此种情况不合理。

（5）当 $\eta_3 = 0$，$\eta_1 = \dfrac{-2B(C+D)(-1+\delta) + A[-B + 2(C+D)\delta]}{AB}$

$\eta_2 = \dfrac{2B(C+D)(-1+\delta) + A[B - B\delta - 2(C+D)\delta]}{AB}$ 时，

$p^*_{mstmb1} = -\dfrac{D - C\lambda - D\lambda}{\lambda}$，$p^*_{mstmc1} = \dfrac{D}{\lambda}$，$1 - \theta_{mstm3} = 0$，没有消费者愿意模块化升级产品，所以此种情况不合理。

（6）当 $\eta_1 = \eta_3 = 0$，$\eta_2 = -\delta$ 时，$\eta_2 < 0$，不满足约束条件，所以此种情况不合理。

（7）当 $\eta_1 = \eta_2 = \eta_3 = 0$ 时，$p^*_{mstmb1} = \dfrac{BD + AD\delta - BD\delta - AB\lambda}{2(-B - A\delta + B\delta)\lambda}$，$p^*_{mstmc1} = \dfrac{D}{2\lambda}$，

$\theta_{mstm2} - 1 \neq 0$，不满足约束条件，所以此种情况不合理。

证毕。

命题 4.2　当制造商静态定价、推以旧换新和产品是模块化架构，并且不推出第二代产品，$B \geqslant A$ 和 $\lambda > D$ 时，最优价格为：

$$p^*_{mstmb2} = -\frac{D - A\lambda}{2\lambda}, \quad p^*_{mstmc2} = \frac{D}{2\lambda} \text{ 时，}$$

所有购买了第一代产品的消费者都会模块化升级产品。

证明：制造商的利润函数所对应的 Langrage 函数是：

$L^2_{mstm}(p_{mstm2}, p_{mstmc2}, \eta_1, \eta_2) = \Pi^2_{MSTM} + \eta_1(D - \lambda p_{mstmc2}) + \eta_2(\lambda p_{mstmc2} - \dfrac{D}{A}(p_{mstmb2} + p_{mstmc2}))$

用 KKT 解出 3 种情况：

（1）当 $\eta_1 = \eta_2 = 0$ 时，$p^*_{mstmb2} = -\dfrac{D - A\lambda}{2\lambda}$，$p^*_{mstmc2} = \dfrac{D}{2\lambda}$，满足约束条件，同时 $\theta_{mstm3} - \theta_{mstm1} = 0$，当 $B \geqslant A$ 和 $\lambda > D$ 时，所有购买了第一代产品的消费者都会模块化升级产品，所以此种情况存在最优解。

（2）当 $\eta_1 = -\dfrac{A + D\delta}{D}$，$\eta_2 = -\dfrac{A}{D}$ 时，$\eta_1 < 0$，所以此种情况不存在最优解。

（3）当 $\eta_1 = -\delta$，$\eta_2 = 0$ 时，$\eta_1 < 0$，所以此种情况不存在最优解。

证毕。

推论 4.1 　当消费者是短视型，制造商静态定价、产品是模块化架构、无论第二阶段是否推出第二代产品，$B > 1 = A > D + C$、$\lambda > D$ 和 $-A(B + B\delta - 2C\delta) + B(2C + D + D\delta) > 0$ 时，

$p^*_{msnmb1} > p^*_{mstmb1}$，并且 $\dfrac{p^*_{msnmb1}}{p^*_{mstmb1}}$ 是关于 λ 的减函数

$p^*_{msnmb2} > p^*_{mstmb2}$，并且 $\dfrac{p^*_{msnmb2}}{p^*_{mstmb2}}$ 是关于 λ 的减函数

$p^*_{msnmc1} = p^*_{mstmcu1} = \lambda\, p^*_{mstmc1}$，$p^*_{msnm1} = p^*_{mstm1}$

$p^*_{msnmc2} = p^*_{mstmcu2} = \lambda\, p^*_{mstmc2}$，$p^*_{msnm2} = p^*_{mstm2}$

证明：当制造商推出第二代产品时，因为 $\dfrac{p^*_{msnmb1}}{p^*_{mstmb1}} = \dfrac{(A - D)\lambda}{A\lambda - D} > 1$，

$\left(\dfrac{p^*_{msnmb1}}{p^*_{mstmb1}}\right)'_\lambda = \dfrac{(A - D)(A\lambda - D) - A\lambda(A - D)}{(A\lambda - D)^2} < 0$，$\dfrac{p^*_{msnmc1}}{p^*_{mstmc1}} = \dfrac{CD}{A - D} \cdot \dfrac{(A - D)\lambda}{CD} =$

λ，$\dfrac{p^*_{msnm1}}{p^*_{mstm1}} = \dfrac{CD}{A - D} \cdot \dfrac{A - D}{CD} = 1$，所以推论成立。

同理可以类似证明，当制造商不推出第二代产品也有一样的结论，这里略去。

证毕。

推论4.2 　当制造商静态定价、推以旧换新和产品是模块化架构，$B > 1 = A > D + C$、$\lambda > D$、$-A(B + B\delta - 2C\delta) + B(2C + D + D\delta) > 0$ 和 $q_b = q_c = 0.5$ 时，

$$\begin{cases} p^*_{mstmb2} < p^*_{mstmb1}, \ p^*_{mstmc2} < p^*_{mstmc1} \ 当\lambda \in \left[0, \dfrac{(1+\alpha)(1-\delta)}{2}\right]时 \\[4mm] p^*_{mstmb2} \geq p^*_{mstmb1}, \ p^*_{mstmc2} \geq p^*_{mstmc1} \ 当\begin{cases}\lambda \in \left(\dfrac{(1+\alpha)(1-\delta)}{2}, \ 1\right] \\[3mm] \beta \in \left[\dfrac{1+\alpha}{1-\alpha}, \ \dfrac{\delta(1+\alpha)+2\lambda}{1-\alpha}\right]\end{cases}时 \\[8mm] p^*_{mstmb2} < p^*_{mstmb1}, \ p^*_{mstmc2} < p^*_{mstmc1} \ 当\begin{cases}\lambda \in \left(\dfrac{(1+\alpha)(1-\delta)}{2}, \ 1\right] \\[3mm] \beta \in \left(\dfrac{\delta(1+\alpha)+2\lambda}{1-\alpha}, \ \dfrac{\delta(1+\alpha)+2}{1-\alpha}\right)\end{cases}时 \end{cases}$$

证明： 因为 $A > D => 1 > 0.5(1-\alpha)(\delta+\beta) - \delta => \beta < \dfrac{\delta(1+\alpha)+2}{1-\alpha}$，

$B \geq A => 0.5(1-\alpha)(1+\beta) \geq 1 => \beta \geq \dfrac{1+\alpha}{1-\alpha}$。

如果 $2C - (A-D) > 0 => (1-\alpha)(1-\delta) > 1 + \delta - 0.5(1-\alpha)(\delta+\beta) => \beta > \dfrac{4+3\delta+2\alpha-\alpha\delta}{1-\alpha} > \dfrac{\delta(1+\alpha)+2}{1-\alpha}$，所以 $2C - (A-D) < 0$。

而如果 $D - A\lambda \geq 0 => 0.5(1-\alpha)(\delta+\beta) - \delta \geq \lambda => \beta \geq \dfrac{\delta(1+\alpha)+2\lambda}{1-\alpha} \leq \dfrac{\delta(1+\alpha)+2}{1-\alpha}$。

所以当 $0 \leq \lambda \leq \dfrac{(1+\alpha)(1-\delta)}{2}$ 时，$D - A\lambda \geq 0$，而 $2C - (A-D) < 0$，所以 $p^*_{mstmb2} - p^*_{mstmb1} = \dfrac{(D-A\lambda)(2C-(A-D))}{2(A-D)} < 0$。

当 $1 \geq \lambda > \dfrac{(1+\alpha)(1-\delta)}{2}$ 时，如果 $\beta \in \left[\dfrac{1+\alpha}{1-\alpha}, \ \dfrac{\delta(1+\alpha)+2\lambda}{1-\alpha}\right]$，则 $p^*_{mstmb2} - p^*_{mstmb1} = \dfrac{(D-A\lambda)[2C-(A-D)]}{2(A-D)} \geq 0$；如果 $\beta \in \left(\dfrac{\delta(1+\alpha)+2\lambda}{1-\alpha}, \dfrac{\delta(1+\alpha)+2}{1-\alpha}\right)$，则 $p^*_{mstmb2} - p^*_{mstmb1} = \dfrac{(D-A\lambda)[2C-(A-D)]}{2(A-D)} < 0$。

p^*_{mstmc2} 与 p^*_{mstmc1} 的大小关系的证明方法与上面类似，这里略去证明过程。
证毕。

命题 4.3 当制造商静态定价、推以旧换新和产品是一体化架构，$A \geq E_I$ 时，一部分购买了第一代产品的消费者以最优价格：

$$p^*_{msti} = \frac{A B_I E_I (1 + \delta\lambda)}{2 [A E_I \delta + B_I (E_I - E_I \delta + A \delta \lambda^2)]}$$

整体更换成第二代产品，并且购买了第一代产品的消费者部分更换成第二代产品。

证明： 当 $B_I \geq A$ 时，制造商的利润函数所对应的 Langrage 函数是：

$$L_{msti}(p_{msti}, \eta_1, \eta_2) = \Pi_{MSTI} + \eta_1 (1 - \frac{\lambda p_{msti}}{E_I}) + \eta_2 (\frac{\lambda p_{msti}}{E_I} - \frac{p_{msti}}{A})$$

用 KKT 解出 3 种情况：

(1) 当 $\eta_1 = 0$，$\eta_2 = -\frac{-AE_I - AE_I \delta\lambda}{E_I - A\lambda}$ 时，$p^*_{msti} = 0$ 不符合约束条件 $p_{msti} > 0$，所以此种情况要舍去。

(2) 当 $\eta_2 = 0$，$\eta_1 = \frac{E_I \{ -2AE_I\delta + B_I [2 E_I (-1 + \delta) + A\lambda (1 - \delta\lambda)] \}}{A B_I \lambda^2}$ 时，$p^*_{msti} = \frac{E_I}{\lambda}$，$1 - \theta_{msti3} = 0$，说明没有消费者愿意更换产品，这种情况不合理。

(3) 当 $\eta_1 = \eta_2 = 0$ 时，$p^*_{msti} = \frac{A B_I E_I (1 + \delta\lambda)}{2 [A E_I \delta + B_I (E_I - E_I \delta + A \delta \lambda^2)]}$ 满足所有约束条件，并且，当 $A > E_I$ 时，$\theta_{msti3} - \theta_{msti1} > 0$，购买了第一代产品的消费者只有部分更换产品；当 $A = E_I$ 时，$\theta_{msti3} - \theta_{msti1} = 0$，购买了第一代产品的消费者全部更换产品。

证毕。

推论 4.3 当制造商静态定价和推以旧换新，$1 = A \geq E_I$，$B > 1 = A > D + C$，$\lambda > D$，$-A(B + B\delta - 2C\delta) + B(2C + D + D\delta) > 0$ 和 $q_b = q_c = 0.5$ 时，模块化架构和一体化架构的价格和利润之间存在如下大小关系：

$$\begin{cases} p^*_{mstm2} \geqslant p^*_{msti} \ \text{当}\ \beta \in \Big[1, \dfrac{\delta + \delta\lambda + \lambda^2 - \lambda}{1 + \lambda} \\ \qquad + \dfrac{\sqrt{-4\delta(1+\lambda) + (-1-\delta-\delta\lambda-\lambda^2)^2}}{1+\lambda}\Big]\ \text{时} \\[2em] p^*_{mstm2} < p^*_{msti}\ \text{当}\ \beta \in \Big(\dfrac{\delta + \delta\lambda + \lambda^2 - \lambda}{1 + \lambda} \\ \qquad + \dfrac{\sqrt{-4\delta(1+\lambda) + (-1-\delta-\delta\lambda-\lambda^2)^2}}{1+\lambda},\ +\infty\Big)\ \text{时} \end{cases}$$

当 $\delta = 1$ 时，

$$p^*_{msti} > p^*_{msni},\quad \begin{cases} p^*_{mstiu} \geqslant p^*_{msni}\ \text{当}\ \beta \in [1,\ 1+\lambda]\ \text{时} \\ p^*_{mstiu} < p^*_{msni}\ \text{当}\ \beta \in (1+\lambda,\ +\infty)\ \text{时} \end{cases}$$

$$p^*_{msti} \geqslant p^*_{mstm1},\quad \Pi^*_{MSTI} \geqslant \Pi^{1*}_{MSTM},$$

$$\begin{cases} \Pi^*_{MSTI} \geqslant \Pi^{2*}_{MSTM}\ \text{当}\ \beta \in \Big[\dfrac{\alpha + 2\lambda + 2\lambda^2 - \alpha\lambda^2}{\alpha + 2\lambda + \alpha\lambda^2},\ +\infty\Big)\ \text{时} \\[1.5em] \Pi^*_{MSTI} < \Pi^{2*}_{MSTM}\ \text{当}\ \beta \in \Big[1,\ \dfrac{\alpha + 2\lambda + 2\lambda^2 - \alpha\lambda^2}{\alpha + 2\lambda + \alpha\lambda^2}\Big)\ \text{时} \end{cases}$$

证明：因为：

$$p^*_{msti} - p^*_{mstm2} = \frac{A B_I E_I (1 + \delta\lambda)}{2[A E_I \delta + B_I(E_I + A\delta\lambda^2 - E_I\delta)]} - \frac{1}{2}$$

$$= \frac{-E_I\delta + B_I[-\delta\lambda^2 + E_I(\delta + \delta\lambda)]}{2[A E_I \delta + B_I(E_I + A\delta\lambda^2 - E_I\delta)]}$$

$$= \frac{(1+\lambda)B_I^2 - [\lambda^2 + (1+\lambda)\delta + 1]B_I + \delta}{2[A E_I \delta + B_I(E_I + A\delta\lambda^2 - E_I\delta)]}$$

分母是始终大于零的，所以分子的正负影响 p^*_{mstm2} 和 p^*_{msti} 的大小关系。如果 $(1 + \lambda)B_I^2 - [\lambda^2 + (1+\lambda)\delta + 1]B_I + \delta \geqslant 0$，解出 $\beta \in$ $\Big(\dfrac{\delta + \delta\lambda + \lambda^2 - \lambda + \sqrt{-4\delta(1+\lambda) + (-1-\delta-\delta\lambda-\lambda^2)^2}}{1+\lambda},\ +\infty\Big)$；如果 $(1 + \lambda)B_I^2 - [\lambda^2 + (1+\lambda)\delta + 1]B_I + \delta < 0$，解出 $\beta \in$ $\Big[1,\ \dfrac{\delta + \delta\lambda + \lambda^2 - \lambda + \sqrt{-4\delta(1+\lambda) + (-1-\delta-\delta\lambda-\lambda^2)^2}}{1+\lambda}\Big]$。

当 $\delta = 1$ 时，

$$p_{msti}^* - p_{msni}^*$$

$$= \frac{A\,B_I\,E_I(1 + \delta\lambda)}{2\,[\,A\,E_I\delta + B_I(E_I + A\delta\,\lambda^2 - E_I\delta)\,]} - \frac{A\,B_I\,E_I(1 + \delta)}{2\,[\,A\,E_I\delta + B_I(E_I + A\delta - E_I\delta)\,]}$$

$$= \frac{-\,0.\,25(1 - \beta^2 + \beta\lambda - \beta^3\lambda - \lambda^2 - \beta\,\lambda^2 + \beta^2\,\lambda^2 + \beta^3\,\lambda^2)}{\beta(\,-1 + \beta + \lambda^2 + \beta\,\lambda^2)}$$

分母是始终大于零的，所以分子的正负影响 p_{msti}^* 和 p_{msni}^* 的大小关系。如果 $1 - \beta^2 + \beta\lambda - \beta^3\lambda - \lambda^2 - \beta\,\lambda^2 + \beta^2\,\lambda^2 + \beta^3\,\lambda^2 \geqslant 0$，解出 $\beta < \dfrac{-1 - \lambda}{\lambda} \cup -1 < \beta < 1$，这种情况不合理；如果 $1 - \beta^2 + \beta\lambda - \beta^3\lambda - \lambda^2 - \beta\,\lambda^2 + \beta^2\,\lambda^2 + \beta^3\,\lambda^2 < 0$，解出 $\beta \in [\,1,\ +\infty\,]$。

$$p_{mstiu}^* - p_{msni}^*$$

$$= \frac{\lambda A\,B_I\,E_I(1 + \delta\lambda)}{2\,[\,A\,E_I\delta + B_I(E_I + A\delta\,\lambda^2 - E_I\delta)\,]} - \frac{A\,B_I\,E_I(1 + \delta)}{2\,[\,A\,E_I\delta + B_I(E_I + A\delta - E_I\delta)\,]}$$

$$= \frac{0.\,25(\,-1 + \beta + \beta^2 - \beta^3 - \beta\lambda + \beta^3\lambda + \lambda^2 - \beta^2\,\lambda^2)}{\beta(\,-1 + \beta + \lambda^2 + \beta\,\lambda^2)}$$

分母是始终大于零的，所以分子的正负影响 p_{mstiu}^* 和 p_{msni}^* 的大小关系。如果 $-1 + \beta + \beta^2 - \beta^3 - \beta\lambda + \beta^3\lambda + \lambda^2 - \beta^2\,\lambda^2 \geqslant 0$，解出 $\beta \in [\,1,\ 1 + \lambda\,]$；如果 $(1 + \lambda)\,B_I^2 - [\,\lambda^2 + (1 + \lambda)\delta + 1\,]\,B_I + \delta < 0$，解出 $\beta \in (1 + \lambda,\ +\infty)$。

$$p_{msti}^* - p_{mstm1}^* = \frac{A\,B_I\,E_I(1 + \delta\lambda)}{2\,[\,A\,E_I\delta + B_I(E_I + A\delta\,\lambda^2 - E_I\delta)\,]} - \frac{AC}{A - D}$$

$$=> \frac{0.\,25(\,-1 + \beta^2 - \lambda + \beta^2\lambda)}{-1 + \beta + \lambda^2 + \beta\,\lambda^2} \geqslant 0$$

$$\Pi_{MSTI}^* - \Pi_{MSTM}^{1*} = \frac{A\,B_I\,E_I\,(1 + \delta\lambda)^2}{4[\,A\,E_I\delta + B_I(E_I - E_I\delta + A\delta\,\lambda^2)\,]}$$

$$- \left(\,-\frac{C\,[\,-AB(C + D)(\,-1 + \delta) + BD(C + D)\delta + A^2(\,-B + C\delta)\,]}{B\,(A - D)^2}\right)$$

$$= \frac{0.\,125(\,-1 + \beta^2 - 2\lambda + 2\beta^2\lambda - \lambda^2 + \beta^2\,\lambda^2)}{-1 + \beta + \lambda^2 + \beta\,\lambda^2} \geqslant 0$$

$$\Pi_{MSNI}^* - \Pi_{MSNM}^{2*} = \frac{A\,B_I\,E_I\,(1 + \delta\lambda)^2}{4[\,A\,E_I\delta + B_I(E_I - E_I\delta + A\delta\,\lambda^2)\,]} - \frac{1}{4}(A + D\delta)$$

$$= \frac{0.125(-\alpha + \alpha\beta^2 - 2\lambda + 2\beta^2\lambda - 2\lambda^2 + \alpha\lambda^2 - 2\beta\lambda^2 + 2\alpha\beta\lambda^2 + \alpha\beta^2\lambda^2)}{-1 + \beta + \lambda^2 + \beta\lambda^2}$$

如果 $0.125(-\alpha + \alpha\beta^2 - 2\lambda + 2\beta^2\lambda - 2\lambda^2 + \alpha\lambda^2 - 2\beta\lambda^2 + 2\alpha\beta\lambda^2 + \alpha\beta^2\lambda^2) \geqslant 0$，解出 $\beta \in [\frac{\alpha + 2\lambda + 2\lambda^2 - \alpha\lambda^2}{\alpha + 2\lambda + \alpha\lambda^2}, +\infty)$；如果 $0.125(-\alpha + \alpha\beta^2 - 2\lambda + 2\beta^2\lambda - 2\lambda^2 + \alpha\lambda^2 - 2\beta\lambda^2 + 2\alpha\beta\lambda^2 + \alpha\beta^2\lambda^2) < 0$，解出 $\beta \in [1, \frac{\alpha + 2\lambda + 2\lambda^2 - \alpha\lambda^2}{\alpha + 2\lambda + \alpha\lambda^2})$。

证毕。

当消费者是短视型，制造商采用动态定价、不推以旧换新和产品是模块化架构时，不失一般性，假设 $A = 1$。第一种情况，没有购买第一代产品的消费者会购买第二代产品，即：

$$\theta_{mdnm2} = 1 => p_{mdnmb2} = C$$

$$1 \geqslant \theta_{mdnm3} => D \geqslant p_{mdnmc2}$$

$$\theta_{mdnm3} \geqslant \theta_{mdnm1} => p_{mdnmc2} \geqslant D\, p_{mdnm1}$$

$$\theta_{mdnm1} \geqslant \theta_{mdnm4} => B\, p_{mdnm1} \geqslant p_{mdnmb2} + p_{mdnmc2}$$

则，这时制造商第二阶段的利润函数为：

$$\Pi^1_{MDNM2} = \max_{p_{mdnmb2},\, p_{mdnmc2}} (p_{mdnmb2} + p_{mdnmc2}) D_{mdnm2} + p_{mdnmc2} D_{mdnmm}$$

$$\text{s. t.} \begin{cases} p_{mdnmb2} = C \\ D \geqslant p_{mdnmc2} \\ p_{mdnmc2} \geqslant D\, p_{mdnm1} \\ B\, p_{mdnm1} \geqslant p_{mdnmb2} + p_{mdnmc2} \\ p_{mdnmb2},\ p_{mdnmc2} > 0 \end{cases}$$

制造商总的利润为：

$$\Pi^1_{MDNM} = \max_{p_{mdnm1}} p_{mdnm1} D_{mdnm1} + \delta\, \Pi^1_{MDNM2}$$

$$\text{s. t. } p_{mdnm1} > 0$$

命题 5.1　当制造商动态定价、不推以旧换新、产品是模块化架构和推出第二代产品，$B \geqslant A$、$2A^2(B + D) - BC\delta + A[4C + B(-3 + 2C\delta + D\delta)] > 0$ 和 $BC\delta - 2A^2D(1 + 2C\delta + D\delta) + A(B - 4C + BD\delta) < 0$ 时，最优价格为：

$$p_{mdnm1}^* = \frac{BC\delta + A(B + BD\delta - 2CD\delta)}{2\{A\,D^2\delta + B[\,1 + (\,-\,1 + A)D\delta\,]\}}$$

$$p_{mdnmb2}^* = C, \quad p_{mdnmc2}^* = \frac{D[\,BC\delta + A(B + BD\delta - 2CD\delta)\,]}{2\{A\,D^2\delta + B[\,1 + (\,-\,1 + A)D\delta\,]\}} \text{ 时,}$$

所有购买了第一代产品的消费者都会模块化升级产品。

证明： 制造商第二阶段的利润函数所对应的 Langrage 函数是：

$$L_{mdnm2}^1(p_{mdnmb2}, p_{mdnmc2}, \eta_1, \eta_2, \eta_3, \eta_4) = \Pi_{MDNM2}^1 + \eta_1(p_{mdnmb2} - C) + \eta_2(D$$

$$-\,p_{mdnmc2}) + \eta_3(p_{mdnmc2} - D\,p_{mdnm1}) + \eta_4(B\,p_{mdnm1} - p_{mdnmb2} - p_{mdnmc2})$$

用 KKT 解出 10 种情况：

（1）当 $\eta_1 = \eta_2 = \eta_3 = 0$, $\eta_4 = -\dfrac{(\,-\,1 + 2A)\,p_{mdnm1}}{A}$ 时, $p_{mdnmb2}^* = \dfrac{1}{2}(\,-\,D +$

$2B\,p_{mdnm1})$, $p_{mdnmc2}^* = \dfrac{D}{2}$, 再代入第一阶段的利润中：

$$\Pi_{MDNM}^1 = \max_{p_{mdnm1}} p_{mdnm1}\,D_{mdnm1} + \delta\,\Pi_{MDNM2}^1$$

$$\text{s. t. } p_{mdnm1} > 0$$

解出 $p_{mdnm1}^* = \dfrac{A}{2(1 - B\delta + AB\delta)}$, 最后代入约束条件中验证，发现 $\eta_4 =$

$\dfrac{1 - 2A}{2 + 2(\,-\,1 + A)B\delta} < 0$, 所以此种情况不存在。

（2）当 $\eta_3 = \eta_4 = 0$, $\eta_1 = -\dfrac{-\,2AC - 2AD + B\,p_{mdnm1}}{AB}$

$$\eta_2 = -\frac{AB + 2AC + 2AD - B\,p_{mdnm1}}{AB} \text{ 时,} \quad p_{mdnmb2}^* = C, \quad p_{mdnmc2}^* = D$$

再代入第一阶段的利润中：

$$\Pi_{MDNM}^1 = \max_{p_{mdnm1}} p_{mdnm1}\,D_{mdnm1} + \delta\,\Pi_{MDNM2}^1$$

$$\text{s. t. } p_{mdnm1} > 0$$

解出 $p_{mdnm1}^* = \dfrac{1}{2}(A + C\delta + D\delta)$, 代入约束条件中发现 $1 = \theta_{mdnm3}$, 没有消费者

愿意升级产品，所以此种情况不合理。

（3）当 $\eta_1 = \eta_3 = 0$, $\eta_2 = -1$, $\eta_4 = -\dfrac{(\,-\,1 + 2A)\,p_{mdnm1}}{A}$ 时, $\eta_2 < 0$, 所以此

种情况不存在。

（4）当 $\eta_1 = \eta_3 = \eta_4 = 0$，$\eta_2 = -1$ 时，$\eta_2 < 0$，所以此种情况不存在。

（5）当 $\eta_2 = \eta_4 = 0$，$\eta_1 = -\dfrac{-2AC + B\,p_{mdnm1} - 2AD\,p_{mdnm1}}{AB}$，

$$\eta_3 = -\frac{AB - 2AC + B\,p_{mdnm1} - 2AB\,p_{mdnm1} - 2AD\,p_{mdnm1}}{AB}\ \text{时},$$

$p^*_{mdnmb2} = C$，$p^*_{mdnmc2} = D\,p_{mdnm1}$，再代入第一阶段的利润中：

$$\Pi^1_{MDNM} = \max_{p_{mdnm1}} p_{mdnm1}\,D_{mdnm1} + \delta\,\Pi^1_{MDNM2}$$
$$\text{s. t. } p_{mdnm1} > 0$$

解出 $p^*_{mdnm1} = \dfrac{AB + BC\delta + ABD\delta - 2ACD\delta}{2(B - BD\delta + ABD\delta + A\,D^2\delta)}$，代入约束条件中发现 $1 - \theta_{mdnm2}$ $= \theta_{mdnm3} - \theta_{mdnm1} = 0$，当 $2\,A^2(B + D) - BC\delta + A[4C + B(-3 + 2C\delta + D\delta)] > 0$ 和 $BC\delta - 2\,A^2D(1 + 2C\delta + \delta) + A(B - 4C + BD\delta) < 0$ 时，满足所有约束条件，并且买了第一代产品的消费者都会模块化升级产品。

（6）当 $\eta_1 = \eta_2 = 0$，$\eta_3 = -1 + 2\,p_{mdnm1}$，$\eta_4 = -\dfrac{(-1 + 2A)\,p_{mdnm1}}{A}$ 时，$p_1\eta_4 < 0$，所以此种情况不存在。

（7）当 $\eta_1 = \eta_2 = \eta_4 = 0$，$\eta_3 = -1 + 2\,p_1$ 时，

$$p^*_{mdnmb2} = -\frac{-B\,p_{mdnm1} + 2AD\,p_{mdnm1}}{2A},\ p^*_{mdnmc2} = D\,p_{mdnm1}，再代入第一阶段的利$$

润中：

$$\Pi^1_{MDNM} = \max_{p_{mdnm1}} p_{mdnm1}\,D_{mdnm1} + \delta\,\Pi^1_{MDNM2}$$
$$\text{s. t. } p_{mdnm1} > 0$$

解出 $p^*_{mdnm1} = \dfrac{2\,A^2(1 + D\delta)}{4A - B\delta + 4\,A^2D\delta}$，代入约束条件中发现 $1 - \theta_{mdnm2} \neq 0$，所以此种情况不存在。

（8）当 $\eta_2 = \eta_3 = 0$，$\eta_1 = -\dfrac{-2C - D + 2B\,p_{mdnm1}}{D}$，

$$\eta_4 = -\frac{-2AC - AD + 2AB\,p_{mdnm1} - D\,p_{mdnm1} + 2AD\,p_{mdnm1}}{AD}\ \text{时},$$

$p^*_{mdnmb2} = C$，$p^*_{mdnmc2} = -C + B\,p_{mdnm1}$，再代入第一阶段的利润中：

$$\Pi^1_{MDNM} = \max_{p_{mdnm1}} p_{mdnm1} D_{mdnm1} + \delta \Pi^1_{MDNM2}$$

$$\text{s. t. } p_{mdnm1} > 0$$

解出 $p^*_{mdnm1} = \dfrac{A(D + 2BC\delta + BD\delta)}{2[D + A B^2\delta - BD\delta + ABD\delta]}$，代入约束条件中发现 $\eta_1 =$

$\dfrac{-(2C + D)(-1 + B\delta) + AB(-1 + 2C\delta + D\delta)}{A B^2\delta + D[1 + (-1 + A)B\delta]} < 0$，所以此种情况不存在。

(9) 当 $\eta_2 = \eta_3 = \eta_4 = 0$，$\eta_1 = -\dfrac{-2AC - AD + B p_{mdnm1}}{A(B + D)}$ 时，$p^*_{mdnmb2} = C$，

$p^*_{mdnmc2} = \dfrac{D(AB - 2AC + B p_{mdnm1})}{2A(B + D)}$，再代入到第一阶段的利润中：

$$\Pi^1_{MDNM} = \max_{p_{mdnm1}} p_{mdnm1} D_{mdnm1} + \delta \Pi^1_{MDNM2}$$

$$\text{s. t. } p_{mdnm1} > 0$$

解出 $p^*_{mdnm1} = \dfrac{A[2A(B + D) + B(2C + D)\delta]}{4A(B + D) - BD\delta}$，代入约束条件中发现 $\eta_1 =$

$\dfrac{A(-2B + 8C + 4D) - B(2C + D)\delta}{4A(B + D) - BD\delta} < 0$，所以此种情况不存在。

(10) 当 $\eta_1 = \eta_2 = \eta_3 = \eta_4 = 0$ 时，$p^*_{mdnmb2} = -\dfrac{AD - B p_{mdnm1}}{2A}$，$p^*_{mdnmc2} = \dfrac{D}{2}$，再代入第一阶段的利润中：

$$\Pi^1_{MDNM} = \max_{p_{mdnm1}} p_{mdnm1} D_{mdnm1} + \delta \Pi^1_{MDNM2}$$

$$\text{s. t. } p_{mdnm1} > 0$$

解出 $p^*_{mdnm1} = \dfrac{2 A^2}{4A - B\delta}$，代入约束条件中发现 $\theta_{mdnm3} - \theta_{mdnm1} = D\left(\dfrac{1}{2} - \dfrac{2 A^2}{4A - B\delta}\right) < 0$，所以此种情况不存在。

证毕。

推论 5.1　当制造商动态定价、不推以旧换新、产品是模块化架构和推出第二代产品，$B \geqslant A$、$2A^2(B + D) - BC\delta + A[4C + B(-3 + 2C\delta + D\delta)] > 0$、$BC\delta - 2A^2D(1 + 2C\delta + D\delta) + A(B - 4C + BD\delta) < 0$，$q_b = q_c = 0.5$ 和 $\delta = 1$ 时，基础系统、核心系统和两代产品价格之间存在如下关系：

$$p^*_{mdnmc2} > p^*_{mdnmb2};\begin{cases} p^*_{mdnm2} \geqslant p^*_{mdnm1} & 当 \beta \in \left[\dfrac{3+\alpha}{1-\alpha},\ +\infty\right) 时 \\[3mm] p^*_{mdnm2} < p^*_{mdnm1} & 当 \beta \in \left[\dfrac{1+\alpha}{1-\alpha},\ \dfrac{3+\alpha}{1-\alpha}\right) 时 \end{cases}$$

证明：因为：

$$p^*_{mdnmc2} - p^*_{mdnmb2} = \frac{D(BC\delta + B + BD\delta - 2CD\delta)}{2(AD^2\delta + B)} - C$$

$$= -\frac{2BC - BD - BCD\delta - BD^2\delta + 4CD^2\delta}{2(B + D^2\delta)}$$

分母是大于零，只需要判断分子的大小。假设 $2BC - BD - BCD\delta - BD^2\delta + 4CD^2\delta = 0.125(-1.+\alpha)^2(1.+1.\beta)^2(1.-1.\beta+\alpha(1.+1.\beta)) > 0$，解出 $\beta < \dfrac{1+\alpha}{1-\alpha}$ 与 $B \geqslant A$ 相矛盾。因此，$p^*_{mdnmc2} > p^*_{mdnmb2}$。

$$p^*_{mdnm1} - p^*_{mdnm2}$$

$$= -\frac{2CD\delta + B(C[2 + (-1+D)\delta] + (-1+D)(1+D\delta))}{2(B + D^2\delta)},$$

分母大于零，只需要判断分子的大小。假设 $2CD\delta + B\{C[2 + (-1+D)\delta] + (-1+D)(1+D\delta)\} = -0.125(-1.+\alpha)^2(1.+1.\beta)^2[3.-1.\beta+\alpha(1.+1.\beta)] \geqslant 0$，解出 $\beta \geqslant \dfrac{3+\alpha}{1-\alpha}$。所以 $\beta \geqslant \dfrac{3+\alpha}{1-\alpha}$，$p^*_{mdnm2} \geqslant p^*_{mdnm1}$；$\dfrac{1+\alpha}{1-\alpha} < \beta < \dfrac{3+\alpha}{1-\alpha}$，$p^*_{mdnm2} < p^*_{mdnm1}$。

证毕。

推论 5.2　当制造商不推以旧换新、产品是模块化架构和推出第二代产品，$B \geqslant 1 = A > D + C$、$2A^2(B+D) - BC\delta + A[4C + B(-3 + 2C\delta + D\delta)] > 0$、$BC\delta - 2A^2D(1 + 2C\delta + D\delta) + A(B - 4C + BD\delta) < 0$、$-A(B + B\beta - 2C\delta) + B(2C + D + D\delta) > 0$、$q_b = q_c = 0.5$ 和 $\delta = 1$ 时，静态定价和动态定价价格之间存在如下关系：

当 $\beta \in \left[\dfrac{1+\alpha}{1-\alpha},\ \dfrac{3+\alpha}{1-\alpha}\right)$ 时，$\begin{cases} p^*_{mdnms1} > p^*_{msnms} \\[2mm] p^*_{mdnms2} > p^*_{msnms} \end{cases}$

证明：因为：

$$p^*_{mdnms1} - p^*_{msnms} = \frac{BC\delta + B + BD\delta - 2CD\delta}{2(D^2\delta + B)} - \left(C + \frac{CD}{1-D}\right)$$

$$= \frac{-B + 2BC + BD - BC\delta - BD\delta + 2CD\delta + BCD\delta + BD^2\delta}{2(-1+D)(B+D^2\delta)}。$$

分母小于零($A > D$)，且 $\beta < \dfrac{3+\alpha}{1-\alpha}$。当 $\beta < \dfrac{3+\alpha}{1-\alpha}$ 时，分子小于零，所以

$p^*_{mdnms1} > p^*_{msnms}$。

$$p^*_{mdnms2} - p^*_{msnms} = \frac{B(2C + D + CD\delta + D^2\delta)}{2(B+D^2\delta)} - \left(C + \frac{CD}{1-D}\right)$$

$$= \frac{D(-B + 2BC + BD - BC\delta - BD\delta + 2CD\delta + BCD\delta + BD^2\delta)}{2(-1+D)(B+D^2\delta)}。$$

分母小于零($A > D$)，且 $\beta < \dfrac{3+\alpha}{1-\alpha}$。当 $\beta < \dfrac{3+\alpha}{1-\alpha}$ 时，分子小于零，所以

$p^*_{mdnms2} > p^*_{msnms}$。

证毕。

当消费者是短视型，制造商采用动态定价、不推以旧换新和产品是模块化架构时，不失一般性，假设 $A = 1$。第二种情况，没有购买第一代产品的消费者买不到第二代产品，即：

$$1 \geqslant \theta_{mdnm3} => D \geqslant p_{mdnmnc2}$$

$$\theta_{mdnm3} \geqslant \theta_{mdnm1} => p_{mdnmnc2} \geqslant D\,p_{mdnmn1}$$

则，这时制造商第二阶段的利润函数为：

$$\Pi^2_{MDNM2} = \max_{p_{mdnmnb2},\,p_{mdnmnc2}} (p_{mdnmnb2} + p_{mdnmnc2})\,D_{mdnm1} + \delta\,p_{mdnmnc2}\,D_{mdnmm}$$

$$\text{s. t.} \begin{cases} D \geqslant p_{mdnmnc2} \\ p_{mdnmnc2} \geqslant D\,p_{mdnmn1} \\ p_{mdnmn2},\ p_{mdnmn2} > 0 \end{cases}$$

制造商总的利润为：

$$\Pi^2_{MDNM} = \max_{p_{mdnmn1}} p_{mdnmn1}\,D_{mdnm1} + \delta\,\Pi^2_{MDNM2}$$

$$\text{s. t. } p_{mdnmn1} > 0$$

命题 5.2　当消费者是短视型，制造商动态定价、不推以旧换新、产品是模块化架构和不推出第二代产品，$B \geqslant A$ 和 $D > 0$ 时，最优价格为：

$$p_{mdnmn1}^{*} = \frac{A}{2}, \ p_{mdnmnc2}^{*} = \frac{D}{2} \ 时，$$

所有购买了第一代产品的消费者都会模块化升级产品。

证明：制造商第二阶段的利润函数所对应的 Langrage 函数是：

$$L_{mdnm2}^{2}(p_{mdnmnc2}, \ \eta_1, \ \eta_2) = \Pi_{MDNM2}^{2} + \eta_1(D - p_{mdnmnc2}) + \eta_2(p_{mdnmnc2} - D p_{mdnmn1})$$

用 KKT 解出 2 种情况：

（1）当 $\eta_2 = 0$，$\eta_1 = -1$ 时，$\eta_1 < 0$，此情况不存在最优解。

（2）当 $\eta_1 = \eta_2 = 0$ 时，$p_{mdnmnc2}^{*} = \dfrac{D}{2}$，再代入第一阶段的利润中：

$$\Pi_{MDNM}^{2} = \max_{p_{mdnmn1}} p_{mdnmn1} D_{mdnm1} + \delta \Pi_{MDNM2}^{2}$$

$$s. t. \ p_{mdnmn1} > 0$$

解出 $p_{mdnmn1}^{*} = \dfrac{A}{2}$，最后代入约束条件中验证，发现 $\theta_{mdnm3} - \theta_{mdnm1} = 0$，所以此种情况合理，且购买了第一代产品的消费者都更换产品。

证毕。

推论 5.3　当制造商动态定价、不推以旧换新、产品是模块化架构时，推第二代产品和不推第二代产品的价格之间存在如下关系：

$$p_{mdnmsc2}^{*} > p_{mdnmnc2}^{*}; \ p_{mdnms1}^{*} > p_{mdnmn1}^{*}$$

证明：因为：

$$p_{mdnmsc2}^{*} - p_{mdnmnc2}^{*} = \frac{D(BC\delta + B + BD\delta - 2CD\delta)}{2(D^2\delta + B)} - \frac{D}{2}$$

$$= -\frac{D[-B(C+D) + D(2C+D)]\delta}{2(B+D^2\delta)} > 0$$

$$p_{mdnms1}^{*} - p_{mdnmn1}^{*} = \frac{BC\delta + B + BD\delta - 2CD\delta}{2(D^2\delta + B)} - \frac{1}{2}$$

$$= \frac{[B(C+D) - D(2C+D)]\delta}{2(B+D^2\delta)} > 0$$

所以结论成立。

证毕。

命题 5.3　当制造商动态定价、不推以旧换新和产品是一体化架构，$-AB_1 + 2AE_1 + B_1E_1\delta > 0$ 时，制造商定出最优价格：

$$p_{mdnisa1}^* = \frac{A\,B_I(A + E_I\delta)}{2(A\,B_I + E_I{}^2\delta)}, \quad p_{mdnisa2}^* = \frac{B_I\,E_I(A + E_I\delta)}{2(A\,B_I + E_I{}^2\delta)} \text{ 时,}$$

购买了第一代产品的消费者全部购买第二代产品；

当$(B_I - 2E_I) - B_I E_I\delta \geqslant 0$时，制造商定出最优价格：

$$p_{mdnisp1}^* = \frac{A[2A(B_I + E_I) + B_I E_I\delta]}{4A(B_I + E_I) - B_I E_I\delta}, \quad p_{mdnisp2}^* = \frac{3A B_I E_I}{4A(B_I + E_I) - B_I E_I\delta} \text{ 时,}$$

当$(B_I - 2E_I) - B_I E_I\delta > 0$时，购买了第一代产品的消费者部分购买第二代产品；当$(B_I - 2E_I) - B_I E_I\delta = 0$时，购买了第一代产品的消费者全部购买第二代产品。

证明： 制造商第二阶段的利润函数所对应的 Langrage 函数是：

$$L_{mdni2}^1(p_{mdnis2}, \ \eta_1, \ \eta_2, \ \eta_3) = \varPi_{MDNI2}^1 + \eta_1(1 - \theta_{mdni3}) + \eta_2(\theta_{mdni3} - \theta_{mdni1}) + \eta_3(\theta_{mdni1} - \theta_{mdni2})$$

用 KKT 解出 4 种情况：

(1) 当$\eta_2 = \eta_3 = 0$，$\eta_1 = -\dfrac{-A B_I E_I + 2B_I{}^2 p_{mdnis1} + B_I E_I p_{mdnis1}}{A E_I}$时，$p_{mdnis2}^* = E_I$，再代入第一阶段的利润中：

$$\varPi_{MDNI}^1 = \max_{p_{mdnis1}} p_{mdnis1} D_{mdni1} + \delta\,\varPi_{MDNI2}^1$$

$$\text{s. t. } p_{mdnis1} > 0$$

解出$p_{mdnis1}^* = \dfrac{1}{2}(A + E_I\delta)$，最后代入约束条件中验证，发现$1 - \theta_{mdni3} = 0$，没有消费者愿意更换产品，此种情况不合理。

(2) 当$\eta_1 = \eta_2 = 0$，$\eta_3 = -\dfrac{-A B_I E_I + 2B_I{}^2 p_{mdnis1} + B_I E_I p_{mdnis1}}{AE_I}$时，$p_{mdnis2}^* = \dfrac{B_I p_{mdnis1}}{A}$，再代入第一阶段的利润中，解出$p_{mdnis1}^* = \dfrac{A E_I(A + B_I\delta)}{2(AE_I + B_I{}^2\delta)}$，最后代入约束条件中验证，发现$\eta_3 = -\dfrac{B_I(2A B_I - A E_I + B_I E_I\delta)}{2(AE_I + B_I{}^2\delta)} < 0$，此种情况不存在最优解。

(3) 当$\eta_1 = \eta_3 = 0$，$\eta_2 = -\dfrac{AB_I E_I - B_I E_I p_{mdnis1} - 2E_I{}^2 p_{mdnis1}}{AB_I}$时，$p_{mdnis2}^* =$

$\dfrac{E_I\, p_{mdnis1}}{A}$，再代入第一阶段的利润中，解出 $p^*_{mdnis1} = \dfrac{A\, B_I(A + E_I\delta)}{2(A\, B_I + E_I{}^2\delta)}$，当 $- A\, B_I +$

$2A\, E_I + B_I\, E_I\delta > 0$ 时，约束条件中满足所有约束条件，并且 $\theta_{mdni3} - \theta_{mdni1} = 0$，购买了第一代产品的消费者全部购买第二代产品。

（4）当 $\eta_1 = \eta_2 = \eta_3 = 0$ 时，$p^*_{mdnis2} = -\dfrac{- A\, B_I\, E_I - B_I\, E_I\, p_{mdnis1}}{2A(B_I + E_I)}$，再代入第一阶

段的利润中，解出 $p^*_{mdnis1} = \dfrac{A\,[\,2A(B_I + E_I) + B_I\, E_I\delta\,]}{4A(B_I + E_I) - B_I\, E_I\delta}$，代入约束条件中，当 $(B_I$

$- 2\, E_I) - B_I\, E_I\delta \geqslant 0$ 时满足所有约束条件。

证毕。

推论 5.4　当制造商动态定价、不推以旧换新、产品是一体化架构，$(B_I - 2\, E_I) - B_I\, E_I\delta \geqslant 0$ 时，购买第一代产品的消费者全部更换产品和部分更换产品的价格之间的大小关系：

当 $\beta \in \Big[\,1,\ \dfrac{-1 + \delta^2}{\delta} + \sqrt{\dfrac{1 + 6\,\delta^2 + \delta^4}{\delta^2}} - 1\,\Big)$ 时，$p^*_{mdnisa1} > p^*_{mdnisp1}$，$p^*_{mdnisa2}$

$< p^*_{mdnisp2}$；

当 $\beta \in \Big[\,\dfrac{-1 + \delta^2}{\delta} + \sqrt{\dfrac{1 + 6\,\delta^2 + \delta^4}{\delta^2}} - 1,\ +\infty\,\Big)$ 时，制造商只选 $p^*_{mdnisa1}$

和 $p^*_{mdnisa2}$。

证明：因为：

$$p^*_{mdnisa1} - p^*_{mdnisp1} = \dfrac{(3\, B_I - 2\delta)(B_I - \delta)\delta(B_I - 2\delta + B_I{}^2\delta - B_I\delta^2)}{2(- 8\, B_I + 4\delta + B_I{}^2\delta - B_I\delta^2)(B_I + B_I{}^2\delta - 2\, B_I\delta^2 + \delta^3)}。$$

因为 $(B_I - 2\, E_I) - B_I\, E_I\delta \geqslant 0 => B_I - 2\delta + B_I{}^2\delta - B_I\delta^2 \leqslant 0 => B_I \leqslant \dfrac{-1 + \delta^2}{2\delta} +$

$\dfrac{1}{2}\sqrt{\dfrac{1 + 6\,\delta^2 + \delta^4}{\delta^2}}$。如果 $- 8\, B_I + 4\delta + B_I{}^2\delta - B_I\,\delta^2 > 0$，解出 $B_I > \dfrac{8 + \delta^2}{2\delta} +$

$\dfrac{1}{2}\sqrt{\dfrac{64 + \delta^4}{\delta^2}}$。

$$p^*_{mdnisa2} - p^*_{mdnisp2} = \dfrac{B_I(B_I - \delta)(- 2 + B_I\delta - \delta^2)(B_I - 2\delta + B_I{}^2\delta - B_I\delta^2)}{2(- 8\, B_I + 4\delta + B_I{}^2\delta - B_I\,\delta^2)(B_I + B_I{}^2\delta - 2\, B_I\delta^2 + \delta^3)}。$$

如果 $-2 + B_I\delta - \delta^2 > 0$，解出 $B_I > \dfrac{2 + \delta^2}{\delta}$。而 $1 < \dfrac{-1 + \delta^2}{2\delta} + \dfrac{1}{2}\sqrt{\dfrac{1 + 6\delta^2 + \delta^4}{\delta^2}}$

$< \dfrac{2 + \delta^2}{\delta} < \dfrac{8 + \delta^2}{2\delta} + \dfrac{1}{2}\sqrt{\dfrac{64 + \delta^4}{\delta^2}}$，把 $B_I \geqslant 1$ 的区间分成了四段，两种定价方式

重叠的区域就是 $B_I \leqslant \dfrac{-1 + \delta^2}{2\delta} + \dfrac{1}{2}\sqrt{\dfrac{1 + 6\delta^2 + \delta^4}{\delta^2}}$，其他区域，制造商只选择

使得购买第一代产品的消费者都更换产品的定价。

证毕。

命题 5.4　当制造商动态定价、不推以旧换新和产品是一体化架构时，制造商订最优价格：

$$p^*_{mdnin1} = \frac{A E_I(A + B_I\delta)}{2(A E_I + B_I^2\delta)}, \quad p^*_{mdnin2} = \frac{B_I E_I(A + B_I\delta)}{2(A E_I + B_I^2\delta)} \text{ 时，}$$

购买了第一代产品的消费者全部购买第二代产品。

证明：制造商第二阶段的利润函数所对应的 Langrage 函数是：

$$L^2_{mdni2}(p_{mdnin2}, \eta_1, \eta_2, \eta_3) = \Pi^2_{MDNI2} + \eta_1(1 - \theta_{mdni3}) + \eta_2(\theta_{mdni3} - \theta_{mdni1}) +$$
$$\eta_3(\theta_{mdni2} - \theta_{mdni1})$$

用 KKT 解出 3 种情况：

（1）当 $\eta_2 = \eta_3 = 0$，$\eta_1 = -E_I$ 时，$\eta_1 < 0$，所以此种情况不存在。

（2）当 $\eta_1 = \eta_2 = 0$，$\eta_3 = -\dfrac{A B_I E_I - 2 B_I^2 p_{mdnin1}}{A E_I}$ 时，$p^*_{mdnis2} = \dfrac{B_I p_{mdnin1}}{A}$，再代

入第一阶段的利润中：

$$\Pi^2_{MDNI} = \max_{p_{mdnin1}} p_{mdnin1} D_{mdni1} + \delta \Pi^2_{MDNI2}$$

$$\text{s. t. } p_{mdnin1} > 0$$

解出 $p^*_{mdnis1} = \dfrac{A E_I(A + B_I\delta)}{2(A E_I + B_I^2\delta)}$，最后代入约束条件中验证，满足所有约束条

件，并发现 $\theta_{mdni2} - \theta_{mdni1} = 0$，此种情况存在最优解。

（3）当 $\eta_1 = \eta_2 = \eta_3 = 0$ 时，$p^*_{mdnis2} = \dfrac{E_I p_{mdnin1}}{A}$，再代入第一阶段的利润中，解

出 $p^*_{mdnis1} = \dfrac{A}{2}$，代入约束条件中得到，$\theta_{mdni2} - \theta_{mdni1} = \dfrac{1}{2}\left(-1 + \dfrac{E_I}{B_I}\right) < 0$，所以此

种情况不存在。

推论 5.5 当制造商动态定价、不推以旧换新、产品是一体化架构，$-AB_I + 2AE_I + B_IE_I\delta > 0$ 和 $(B_I - 2E_I) - B_IE_I\delta \geqslant 0$ 时，

$p^*_{mdnin1} < p^*_{mdnisa1}$；

$$
\begin{cases}
p^*_{mdnin1} & 当 \beta \in \left[\dfrac{-1+\delta^2}{\delta} + \sqrt{\dfrac{1+6\delta^2+\delta^4}{\delta^2}} - 1, \ +\infty \right) 时 \\[4mm]
p^*_{mdnin1} < p^*_{mdnisp1} & 当 \beta \in \left[1, \ \dfrac{-1+\delta^2}{\delta} + \sqrt{\dfrac{1+6\delta^2+\delta^4}{\delta^2}} - 1 \right) 时
\end{cases}
$$

$$
\begin{cases}
p^*_{mdnin2} \leqslant p^*_{mdnisa2} & 当 \beta \in \left[\dfrac{\delta^3 + \delta\sqrt{4+\delta^4}}{\delta^2} - 1, \ +\infty \right) 时 \\[4mm]
p^*_{mdnin2} > p^*_{mdnisa2} & 当 \beta \in \left[1, \ \dfrac{\delta^3 + \delta\sqrt{4+\delta^4}}{\delta^2} - 1 \right) 时
\end{cases}
$$

$$
\begin{cases}
p^*_{mdnin2} & 当 \beta \in \left[\dfrac{-1+\delta^2}{\delta} + \sqrt{\dfrac{1+6\delta^2+\delta^4}{\delta^2}} - 1, \ +\infty \right) 时 \\[4mm]
p^*_{mdnin2} > p^*_{mdnisp2} & 当 \beta \in \left[1, \ \dfrac{-1+\delta^2}{\delta} + \sqrt{\dfrac{1+6\delta^2+\delta^4}{\delta^2}} - 1 \right) 时
\end{cases}
$$

证明： 因为 $p^*_{mdnin1} - p^*_{mdnisa1} = \dfrac{(-B+F)\delta(B^2+F^2+B^2F\delta+BF^2\delta)}{2(F+B^2\delta)(B+F^2\delta)} < 0$，

所以 $p^*_{mdnin1} < p^*_{mdnisa1}$。

$p^*_{mdnin1} - p^*_{mdnisp1} = \dfrac{B(2B+F)\delta(2B-F+BF\delta)}{2(F+B^2\delta)(-4B-4F+BF\delta)} < 0$，所以当 $\beta \in [1,$

$\dfrac{-1+\delta^2}{\delta} + \sqrt{\dfrac{1+6\delta^2+\delta^4}{\delta^2}} - 1)$ 时，$p^*_{mdnin1} < p^*_{mdnisp1}$；当 $\beta \in (\dfrac{-1+\delta^2}{\delta} +$

$\sqrt{\dfrac{1+6\delta^2+\delta^4}{\delta^2}} - 1, \ +\infty)$ 时，制造商只选择 p^*_{mdnin1}。

$p^*_{mdnin2} - p^*_{mdnisa2} = -\dfrac{B(B-F)F(-1+BF\delta^2)}{2(F+B^2\delta)(B+F^2\delta)}$，而当 $\beta \geqslant \dfrac{\delta^3 + \delta\sqrt{4+\delta^4}}{\delta^2} - 1$

时，$-1 + BF\delta^2 \geqslant 0$，所以 $p^*_{mdnin2} \leqslant p^*_{mdnisa2}$；当 $1 < \beta < \dfrac{\delta^3 + \delta\sqrt{4+\delta^4}}{\delta^2} - 1$ 时，

$-1 + BF\delta^2 < 0$，所以 $p^*_{mdnin2} > p^*_{mdnisa2}$。

$$p_{mdnin2}^* - p_{mdnisp2}^* = \frac{BF(-2+B\delta)(2B-F+BF\delta)}{2(F+B^2\delta)(-4B-4F+BF\delta)}, \quad 当 1 < \beta < \frac{4}{\delta} - 1 时,$$

$$-2+B\delta < 0, \; 而 \frac{-1+\delta^2}{\delta} + \sqrt{\frac{1+6\delta^2+\delta^4}{\delta^2}} - 1 < \frac{4}{\delta} - 1, \; 所以 p_{mdnin2}^* > p_{mdnisp2}^*;$$

当 $\beta \geq \dfrac{-1+\delta^2}{\delta} + \sqrt{\dfrac{1+6\delta^2+\delta^4}{\delta^2}} - 1$ 时，制造商只选择 p_{mdnin2}^*。

证毕。

当消费者是短视型，制造商采用动态定价、推以旧换新和产品是模块化架构时，不失一般性，假设 $A=1$。第一种情况，没有购买第一代产品的消费者买得到第二代产品，即：

$$\theta_{mdtm2} = 1 => p_{mdtmsb2} + p_{mdtmsc2} - \lambda p_{mdtmsc2} = C$$

$$1 \geq \theta_{mdtm3} => D \geq \lambda p_{mdtmsc2}$$

$$\theta_{mdtm3} \geq \theta_{mdtm1} => p_{mdtmsc2} \geq \frac{D}{A} p_{mdtms1}$$

$$\theta_{mdtm1} \geq \theta_{mdtm4} => B p_{mdtms1} \geq p_{mdtmsb2} + p_{mdtmsc2}$$

则，这时制造商第二阶段的利润函数为：

$$\Pi_{MDTM2}^1 = \max_{p_{mdtmsb2},\, p_{mdtmsc2}} (p_{mdtmsb2} + p_{mdtmsc2}) D_{mdtm2} + \lambda p_{mdtmsc2} D_{mdtmm}$$

$$\text{s. t.} \begin{cases} p_{mdtmsb2} + p_{mdtmsc2} - \lambda p_{mdtmsc2} = C \\[4pt] D \geq \lambda p_{mdtmsc2} \\[4pt] p_{mdtmsc2} \geq \dfrac{D}{A} p_{mdtms1} \\[4pt] B p_{mdtms1} \geq p_{mdtmsb2} + p_{mdtmsc2} \\[4pt] p_{mdtmsb2},\; p_{mdtmsc2} > 0 \end{cases}$$

制造商总的利润为：

$$\Pi_{MDTM}^1 = \max_{p_{mdtms1}} p_{mdtms1} D_{mdtm1} + \delta \Pi_{MDTM2}^1$$

$$\text{s. t.} \; p_{mdtms1} > 0$$

命题 6.1　当制造商动态定价、推以旧换新和产品是模块化架构，$B \geq A$、$D > 0$、$A(-B+4C+2D) - [B(C+D)-2D(2C+D)]\delta > 0$ 和 $D\delta[2CD+B(C+D)(-1+\lambda)] + AB[D(-1+\lambda)+2C\lambda] > 0$ 时，制造商同时推出第二代产品和第二代核心系统的最优价格为：

$$p^*_{mdtms1} = \frac{A\{AB + [-2CD + B(C+D)]\delta\}}{2(AB + D^2\delta)}$$

$$p^*_{mdtmsb2} = \frac{D\delta[2CD + B(C+D)(-1+\lambda)] + AB[D(-1+\lambda) + 2C\lambda]}{2(AB + D^2\delta)\lambda}$$

$$p^*_{mdtmsc2} = \frac{D\{AB + [-2CD + B(C+D)]\delta\}}{2(AB + D^2\delta)\lambda} \ \text{时,}$$

所有购买了第一代产品的消费者都会模块化升级产品。

证明：制造商第二阶段的利润函数所对应的 Langrage 函数是：

$$L^1_{mdtm2}(p_{mdtmsb2}, p_{mdtmsc2}, \eta_1, \eta_2, \eta_3, \eta_4) = \Pi^2_{MDTM2} + \eta_1(p_{mdtmsb2} + p_{mdtmsc2} -$$

$$\lambda p_{mdtmsc2} - C) + \eta_2(D - \lambda p_{mdtmsc2}) + \eta_3(p_{mdtmsc2} - \frac{D}{A}p_{mdtms1}) + \eta_4(B p_{mdtms1} - p_{mdtmsb2} -$$

$$p_{mdtmsc2})$$

用 KKT 解出 10 种情况：

（1）当 $\eta_2 = \eta_3 = 0$，$\eta_1 = -\dfrac{-2C - D + 2B p_{mdtms1}}{D}$，

$$\eta_4 = -\frac{-2AC - AD + 2AB p_{mdtms1} - D p_{mdtms1} + 2AD p_{mdtms1}}{AD} \ \text{时,}$$

$p^*_{mdtmsb2} = -\dfrac{-C + B p_{mdtms1} - B\lambda p_{mdtms1}}{\lambda}$，$p^*_{mdtmsc2} = -\dfrac{C - B p_{mdtms1}}{\lambda}$，再代入第一阶段

的利润中：

$$\Pi^1_{MDTM} = \max_{p_{mdtms1}} p_{mdtms1} D_{mdtm1} + \delta \Pi^1_{MDTM2}$$

$$\text{s. t. } p_{mdtms1} > 0$$

解出 $p^*_{mdtms1} = \dfrac{A(D + 2BC\delta + BD\delta)}{2(A B^2\delta + D[1 + (-1 + A)B\delta])}$，代入

$$(\theta_{mdtm3} - \theta_{mdtm1}) \eta_1 = \frac{-(2C + D)(-1 + B\delta) + AB(-1 + 2C\delta + D\delta)}{A B^2\delta + D[1 + (-1 + A)B\delta]}$$

$$\left(-\frac{D[2C + D + BD\delta - AB(1 + B\delta - 2C\delta)]}{2\{A B^2\delta + D[1 + (-1 + A)B\delta]\}}\right)$$

当 α 较小时该值小于零，不满足约束条件，所以此种情况不存在。

（2）当 $\eta_1 = \eta_3 = 0$，$\eta_2 = -1$，$\eta_4 = -\dfrac{(-1 + 2A) p_{mdtms1}}{A}$ 时，$\eta_2 < 0$，所以这

种情况不存在。

（3）当 $\eta_1 = \eta_3 = \eta_4 = 0$，$\eta_2 = -1$ 时，$\eta_2 < 0$，所以这种情况不存在。

（4）当 $\eta_3 = \eta_4 = 0$，$\eta_1 = -\dfrac{-2AC - 2AD + B\,p_{mdtms1}}{AB}$

$\eta_2 = -\dfrac{AB + 2AC + 2AD - B\,p_{mdtms1}}{AB}$ 时，$p^*_{mdtmsb2} = -\dfrac{D - C\lambda - D\lambda}{\lambda}$，$p^*_{mdtmsc2} = \dfrac{D}{\lambda}$，

再代入第一阶段的利润中，解出 $p^*_{mdtms1} = \dfrac{1}{2}(A + C\delta + D\delta)$，代入约束条件中得

到，$1 - \theta_{mdtm3} = 0$，没有消费者愿意升级产品，所以此种情况不合理。

（5）当 $\eta_1 = \eta_2 = 0$，$\eta_3 = -\dfrac{A - 2\,p_{mdtms1}}{A}$，$\eta_4 = -\dfrac{(-1 + 2A)\,p_{mdtms1}}{A}$ 时，θ_{mdtm2}

$-1 \neq 0$，不满足约束条件，所以此种情况不存在。

（6）当 $\eta_1 = \eta_2 = \eta_4 = 0$，$\eta_3 = -\dfrac{A - 2\,p_{mdtms1}}{A}$ 时，$\theta_{mdtm2} - 1 \neq 0$，不满足约束

条件，所以此种情况不存在。

（7）当 $\eta_2 = \eta_4 = 0$，$\eta_1 = -\dfrac{-2AC + B\,p_{mdtms1} - 2D\,p_{mdtms1}}{AB}$，

$$\eta_3 = -\dfrac{AB - 2AC - B\,p_{mdtms1} - 2D\,p_{mdtms1}}{AB}\ \text{时，}$$

$p^*_{mdtmsb2} = -\dfrac{-AC\lambda + D\,p_{mdtms1} - D\lambda\,p_{mdtms1}}{A\lambda}$，$p^*_{mdtmsc2} = \dfrac{D\,p_{mdtms1}}{A\lambda}$，再代入第一阶段的

利润中，解出 $p^*_{mdtms1} = \dfrac{A\{AB + [-2CD + B(C + D)]\delta\}}{2(AB + D^2\delta)}$，代入约束条件得到，

$\theta_{mdtm2} - 1 = \theta_{mdtm3} - \theta_{mdtm1} = 0$，当 $A(-B + 4C + 2D) - [B(C + D) - 2D(2C + D)]\delta > 0$ 和 $D\delta[2CD + B(C + D)(-1 + \lambda)] + AB[D(-1 + \lambda) + 2C\lambda] > 0$ 时，满足约束条件，并且购买了第一代产品的消费者都升级了产品。

（8）当 $\eta_1 = \eta_2 = \eta_3 = 0$，$\eta_4 = -\dfrac{(-1 + 2A)\,p_{mdtms1}}{A}$ 时，$\theta_{mdtm2} - 1 \neq 0$，不满足

约束条件，所以此种情况不存在。

（9）当 $\eta_1 = \eta_2 = \eta_3 = \eta_4 = 0$ 时，$\theta_{mdtm2} - 1 \neq 0$，不满足约束条件，所以此种

情况不存在。

（10）当 $\eta_2 = \eta_3 = \eta_4 = 0$，$\eta_1 = -\dfrac{-2AC - AD + B\,p_{mdtms1}}{A(B + D)}$ 时，

$$p^*_{mdtmsb2} = -\frac{ABD - 2ACD - 2ABC\lambda - ABD\lambda + BD\,p_{mdtms1} - BD\lambda\,p_{mdtms1}}{2A(B+D)\lambda}$$

$$p^*_{mdtmsc2} = -\frac{-ABD + 2ACD - BD\,p_{mdtms1}}{2A(B+D)\lambda}$$

再代入第一阶段的利润中，解出 $p^*_{mdtms1} = \dfrac{A[2A(B+D)+B(2C+D)\delta]}{4A(B+D)-BD\delta}$，代入

$$(\theta_{mdtm3} - \theta_{mdtm1})\,\eta_1 = -\frac{D[A(-B+4C+2D)+B(C+D)\delta]}{4A(B+D)-BD\delta}$$

$$\left(\frac{A(-2B+8C+4D)-B(2C+D)\delta}{4A(B+D)-BD\delta}\right)$$

当 α 较小时该值小于零，不满足约束条件，所以此种情况不存在。

证毕。

当消费者是短视型，制造商采用动态定价、推以旧换新和产品是模块化架构时，不失一般性，假设 $A=1$。第一种情况，没有购买第一代产品的消费者买不到第二代产品，即：

$$1 \geqslant \theta_{mdtm3} => D \geqslant \lambda\,p_{mdtmnc2}$$

$$\theta_{mdtm3} \geqslant \theta_{mdtm1} => p_{mdtmnc2} \geqslant \frac{D}{A}\,p_{mdtmn1}$$

则，这时制造商第二阶段的利润函数为：

$$\Pi^2_{MDTM2} = \max_{p_{mdtmnc2}} \lambda\,p_{mdtmnc2}\,D_{mdtmm}$$

$$\text{s. t.}\begin{cases} D \geqslant \lambda\,p_{mdtmnc2} \\ p_{mdtmnc2} \geqslant \dfrac{D}{A}\,p_{mdtmn1} \\ p_{mdtmnc2} > 0 \end{cases}$$

制造商总的利润为：

$$\Pi^2_{MDTM} = \max_{p_{mdtmn1}} p_{mdtmn1}\,D_{mdtm1} + \delta\,\Pi^2_{MDTM2}$$

$$\text{s. t. } p_{mdtmn1} > 0$$

命题 6.2　当制造商动态定价、推以旧换新和产品是模块化架构、$D>0$ 时，制造商不推出第二代产品的最优价格为：

$$p^*_{mdtmn1} = \frac{A}{2}, \quad p^*_{mdtmnc2} = \frac{D}{2\lambda} \text{ 时，}$$

所有购买了第一代产品的消费者都会模块化升级产品。

证明：制造商第二阶段的利润函数所对应的 Langrage 函数是：

$$L^2_{mdtm2}(p_{mdtmnc2}, \eta_1, \eta_2) = \Pi^2_{MDTM2} + \eta_1(D - \lambda p_{mdtmnc2}) + \eta_2(p_{mdtmsc2} - \frac{D}{A}p_{mdtmn1})$$

用 KKT 解出 2 种情况：

（1）当 $\eta_2 = 0$，$\eta_1 = -1$ 时，$\eta_1 < 0$，所以这种情况不存在。

（2）当 $\eta_1 = 0$，$\eta_2 = -\dfrac{A - 2p_{mdtmn1}}{A}$ 时，$p^*_{mdtmnc2} = \dfrac{D p_{mdtmn1}}{A\lambda}$，再代入第一阶段的

利润中：

$$\Pi^2_{MDTM} = \max_{p_{mdtmn1}} p_{mdtmn1} D_{mdtm1} + \delta \Pi^2_{MDTM2}$$

$$\text{s. t. } p_{mdtmn1} > 0$$

解出 $p^*_{mdtmn1} = \dfrac{A}{2}$，代入约束条件中，满足所有约束条件，并且 $\eta_2 = \theta_{mdtm3} - \theta_{mdtm1} = 0$，所有购买了第一代产品的消费者都模块化升级了产品。

证毕。

推论 6.2　当制造商动态定价、推出以旧换新政策和产品是模块化架构，$B \geqslant A$、$D > 0$、$A(-B + 4C + 2D) - [B(C + D) - 2D(2C + D)]\delta > 0$ 和 $D\delta[2CD + B(C + D)(-1 + \lambda)] + AB[D(-1 + \lambda) + 2C\lambda] > 0$ 时，

$$p^*_{mdtms1} > p^*_{mdtmn1}; \ p^*_{mdtmsc2} > p^*_{mdtmnc2}$$

证明：因为

$$\begin{aligned}
p^*_{mdtms1} - p^*_{mdtmn1} &= \frac{A\{AB + [-2CD + B(C + D)]\delta\}}{2(AB + D^2\delta)} - \frac{A}{2} \\
&= \frac{B(C + D) - D(2C + D)}{2(AB + D^2)} \\
&= \frac{(B - D - \delta)(B - D) + D\delta}{2(AB + D^2)} > 0
\end{aligned}$$

所以 $p^*_{mdtms1} > p^*_{mdtmn1}$

$$\begin{aligned}
p^*_{mdtmsc2} - p^*_{mdtmnc2} &= \frac{D\{AB + [-2CD + B(C + D)]\delta\}}{2(AB + D^2\delta)\lambda} - \frac{D}{2\lambda} \\
&= -\frac{D[-B(C + D) + D(2C + D)]}{2(AB + D^2)\lambda} > 0
\end{aligned}$$

所以 $p^*_{mdtmsc2} > p^*_{mdtmnc2}$。

证毕。

推论6.3 当产品是模块化架构，$B \geqslant 1 = A > D + C$、$\lambda > D$、$-A(B + B\delta - 2C\delta) + B(2C + D + D\delta) > 0$、$2A^2(B + D) - BC\delta + A[4C + B(-3 + 2C\delta + D\delta)] > 0$、$BC\delta - 2A^2D(1 + 2C\delta + D\delta) + A(B - 4C + BD\delta) < 0$、$(-B + 4C + 2D) - [B(C + D) - 2D(2C + D)]\delta > 0$ 和 $D\delta[2CD + B(C + D)(-1 + \lambda)] + AB[D(-1 + \lambda) + 2C\lambda] > 0$ 时，

$$p^*_{mdtms1} = p^*_{mdnms1};\ p^*_{mdtmsb2} < p^*_{mdnmsb2};\ p^*_{mdtmsc2} > p^*_{mdnmsc2}$$

$$p^*_{mdtms1} < p^*_{mstms};\ p^*_{mdtms2} < p^*_{mstms};\ p^*_{mdtmsc2} > p^*_{mstmsc}$$

证明： 因为：

$$p^*_{mdtms1} - p^*_{mdnms1}$$

$$= \frac{A\{AB + [-2CD + B(C + D)]\delta\}}{2(AB + D^2\delta)} - \frac{BC\delta + A(B + BD\delta - 2CD\delta)}{2\{AD^2\delta + B[1 + (-1 + A)D\delta]\}}$$

$$= 0$$

所以 $p^*_{mdtms1} = p^*_{mdnms1}$

$$p^*_{mdtmsb2} - p^*_{mdnmsb2}$$

$$= \frac{D\delta[2CD + B(C + D)(-1 + \lambda)] + AB[D(-1 + \lambda) + 2C\lambda]}{2(AB + D^2\delta)\lambda} - C$$

$$= \frac{D[AB - 2CD + B(C + D)](-1 + \lambda)}{2(AB + D^2)\lambda}$$

当 $A = q_1 = 1$，$q_b = q_c = 0.5$ 时，$AB - 2CD + B(C + D) = 0.25(-1 + \alpha)^2(1 + \beta)^2 > 0$，所以 $p^*_{mdtmsb2} < p^*_{mdnmsb2}$；

$$p^*_{mdtmsc2} - p^*_{mdnmsc2} = -\frac{D(B + BC + BD - 2CD)(-1 + \lambda)}{2(B + D^2)\lambda} > 0$$

所以 $p^*_{mdtmsc2} > p^*_{mdnmsc2}$。

$$p^*_{mdtms1} - p^*_{mstms}$$

$$= \frac{A\{AB + [-2CD + B(C + D)]\delta\}}{2(AB + D^2\delta)} - \left(\frac{CD}{A\lambda - D\lambda} + \frac{C(-D + A\lambda)}{(A - D)\lambda}\right)$$

$$= \frac{-B + BC + 2CD + BCD + BD^2}{2(-1 + D)(B + D^2)} < 0$$

所以 $p^*_{mdtms1} < p^*_{mstms}$

$$p_{mdtms2}^* - p_{mstms}^* = \frac{D(-B + BC + 2CD + BCD + B D^2)}{2(-1 + D)(B + D^2)} < 0$$

所以 $p_{mdtms2}^* < p_{mstms}^*$

$$p_{mdtmsc2}^* - p_{mstmsc}^* = \frac{D(-B + BC + 2CD + BCD + B D^2)(-1 + \lambda)}{2(-1 + D)(B + D^2)} > 0$$

所以 $p_{mdtmsc2}^* > p_{mstmsc}^*$。

证毕。

当消费者是短视型，制造商采用动态定价、推以旧换新和产品是一体化架构时，不失一般性，假设 $A = 1$。第一种情况，没有购买第一代产品的消费者买得到第二代产品，即：

$$1 \geqslant \theta_{mdti3} => D \geqslant \lambda p_{mdtis2}$$

$$\theta_{mdti3} \geqslant \theta_{mdti1} => p_{mdtis2} \geqslant \frac{D}{A} p_{mdtis1}$$

$$\theta_{mdti1} \geqslant \theta_{mdti2} => B p_{mdtis1} \geqslant A p_{mdtis2}$$

则，这时制造商第二阶段的利润函数为：

$$\Pi_{MDTI2}^1 = \max_{p_{mdtis2}} p_{mdtis2} D_{mdti2} + \lambda p_{mdtis2} D_{mdtiu}$$

$$\text{s. t.} \begin{cases} D \geqslant \lambda p_{mdtis2} \\ p_{mdtis2} \geqslant \frac{D}{A} p_{mdtis1} \\ B p_{mdtis1} \geqslant A p_{mdtis2} \\ p_{mdtis2} > 0 \end{cases}$$

制造商总的利润为：

$$\Pi_{MDTI}^1 = \max_{p_{mdtis1}} p_{mdtis1} D_{mdti1} + \delta \Pi_{MDTI2}^1$$

$$\text{s. t. } p_{mdtis1} > 0$$

命题 6.3　当制造商动态定价、推以旧换新和产品是一体化架构时，制造商推出第二代产品时的最优价格：

当 $B_I \lambda - E_I \geqslant 0$ 时

$$p_{mdtisa1}^* = \frac{A B_I(A + E_I\delta) \lambda^2}{2[E_I^2\delta + B_I E_I\delta(-1 + \lambda)\lambda + A B_I \lambda^2]}$$

$$p_{mdtisa2}^* = \frac{B_I E_I(A + E_I\delta)\lambda}{2(E_I^2\delta + B_I E_I\delta(-1 + \lambda)\lambda + A B_I \lambda^2)} \text{ 时，}$$

购买了第一代产品的消费者全部购买第二代产品。

当 $2AE_I - AB_I\lambda + B_IE_I\delta\lambda \leq 0$ 时，制造商定出最优价格：

$$p^*_{mdtisp1} = \frac{A[B_IE_I\delta\lambda + 2A(E_I + B_I\lambda^2)]}{-B_IE_I\delta + 4A(E_I + B_I\lambda^2)}$$

$$p^*_{mdtisp2} = \frac{AB_IE_I(1 + 2\lambda)}{-B_IE_I\delta + 4A(E_I + B_I\lambda^2)} \quad 时，$$

当 $2AE_I - AB_I\lambda + B_IE_I\delta\lambda < 0$ 时，购买了第一代产品的消费者部分购买第二代产品；当 $2AE_I - AB_I\lambda + B_IE_I\delta\lambda = 0$ 时，购买了第一代产品的消费者全部购买第二代产品。

证明：制造商第二阶段的利润函数所对应的 Langrage 函数是：

$$L^1_{mdti2}(p_{mdtis2}, \eta_1, \eta_2, \eta_3) = \Pi^1_{MDTI2} + \eta_1(D - \lambda p_{mdtis2}) + \eta_2\left(p_{mdtis2} - \frac{D}{A}p_{mdtis1}\right)$$
$$+ \eta_3(Bp_{mdtis1} - Ap_{mdtis2})$$

用 KKT 解出 4 种情况：

（1）当 $\eta_2 = \eta_3 = 0$，$\eta_1 = -\dfrac{2AE_I^2 + AB_IE_I\lambda^2 - B_IE_I\lambda p_{mdtis1}}{AB_I\lambda^2}$ 时，$1 - \theta_{mdti3} = 0$，没有消费者更换产品，因此不合理。

（2）当 $\eta_1 = \eta_2 = 0$，$\eta_3 = -\dfrac{-AB_IE_I\lambda + B_IE_Ip_1 + 2B_I^2\lambda^2p_1}{AE_I}$ 时，$p^*_{mdtis2} = \dfrac{B_Ip_{mdtis1}}{A}$，再代入第一阶段的利润中：

$$\Pi^1_{MDTI} = \max_{p_{mdtis1}} p_{mdtis1}D_{mdti1} + \delta\Pi^1_{MDTI2}$$
$$s.t. \ p_{mdtis1} > 0$$

解出 $p^*_{mdtis1} = \dfrac{AE_I(A + B_I\delta\lambda)}{2(AE_I + B_I^2\delta\lambda^2)}$，代入

$$\eta_3 = -\frac{B_I[B_IE_I\delta\lambda + A(E_I - 2E_I\lambda + 2B_I\lambda^2)]}{2(AE_I + B_I^2\delta\lambda^2)} < 0$$

不满足约束条件，所以此种情况不存在。

（3）当 $\eta_1 = \eta_3 = 0$，

$$\eta_2 = -\frac{AB_IE_I\lambda^2 - 2E_I^2p_{mdtis1} + B_IE_I\lambda p_{mdtis1} - 2B_IE_I\lambda^2 p_{mdtis1}}{AB_I\lambda^2} \quad 时，$$

$p_{mdtis2}^* = \dfrac{E_I\, p_{mdtis1}}{A\lambda}$，再代入第一阶段的利润中，解出：

$$p_{mdtis1}^* = \frac{A\,B_I(A + E_I\delta)\,\lambda^2}{2[\,E_I^{\ 2}\delta + B_I\,E_I\delta(\,-1 + \lambda)\lambda + A\,B_I\,\lambda^2\,]}$$

当 $B_I\lambda - E_I \geqslant 0$ 时，满足约束条件，并且 $\theta_{mdti3} - \theta_{mdti1} = 0$，买了第一代产品的消费者都更换产品，所以此种情况存在。

（4）当 $\eta_1 = \eta_2 = \eta_3 = 0$ 时，$p_{mdtis2}^* = -\dfrac{-A\,B_I\,E_I\lambda - B_I\,E_I\,p_{mdtis1}}{2A(E_I + B_I\,\lambda^2)}$，再代入第一

阶段的利润中，解出 $p_{mdtis1}^* = \dfrac{A[\,B_I\,E_I\delta\lambda + 2A(E_I + B_I\,\lambda^2)\,]}{-B_I\,E_I\delta + 4A(E_I + B_I\,\lambda^2)}$，当 $2A\,E_I - A\,B_I\lambda +$

$B_I\,E_I\delta\lambda \leqslant 0$ 时，满足约束条件，所以此种情况存在。

证毕。

推论 6.5　当制造商动态定价、推出以旧换新和产品是一体化架构，$B_I\lambda$ $- E_I \geqslant 0$ 和 $B_I \geqslant A = 1$ 时，

$$\begin{cases} p_{mdtisau}^* \geqslant p_{mdtisa1}^* \ \text{当}\ \beta \in [\,2(1 + \delta) - 1,\ +\infty\,)\ \text{时} \\ p_{mdtisau}^* < p_{mdtisa1}^* \ \text{当}\ \beta \in [\,1,\ 2(1 + \delta) - 1)\ \text{时} \end{cases}$$

当 $2A\,E_I - A\,B_I\lambda + B_I\,E_I\delta\lambda \leqslant 0$ 和 $B_I \geqslant A$ 时，

$$\begin{cases} \quad\quad\quad\quad\quad\quad p_{mdtispu}^* \geqslant p_{mdtisp1}^* \\[2mm] \text{当}\ \beta \in \Bigg[\ \dfrac{2 + \delta\lambda - \delta^2\lambda + 2\lambda^2 + 2\delta\lambda^2 + \sqrt{[\,-8\delta(\lambda - \delta\lambda + 2\lambda^2)}}{\lambda - \delta\lambda + 2\lambda^2} \\[4mm] \quad\quad + \dfrac{(-2 - \delta\lambda + \delta^2\lambda - 2\lambda^2 - 2\delta\lambda^2)^2\,]}{\lambda - \delta\lambda + 2\lambda^2} - 1,\ +\infty\ \Bigg)\ \text{时} \\[4mm] \quad\quad\quad\quad\quad\quad p_{mdtispu}^* < p_{mdtisp1}^* \\[2mm] \text{当}\ \beta \in \Bigg[\,1,\ \dfrac{2 + \delta\lambda - \delta^2\lambda + 2\lambda^2 + 2\delta\lambda^2 + \sqrt{[\,-8\delta(\lambda - \delta\lambda + 2\lambda^2)}}{\lambda - \delta\lambda + 2\lambda^2} \\[4mm] \quad\quad + \dfrac{(-2 - \delta\lambda + \delta^2\lambda - 2\lambda^2 - 2\delta\lambda^2)^2\,]}{\lambda - \delta\lambda + 2\lambda^2} - 1\ \Bigg)\ \text{时} \end{cases}$$

证明： 因为 $p_{mdtisau}^* - p_{mdtisa1}^* = \dfrac{B_I\,\lambda^2(A + E_I\delta)(E_I - A)}{2[\,E_I^{\ 2}\delta + B_I\,E_I\delta(\,-1 + \lambda)\lambda + A\,B_I\,\lambda^2\,]}$，所以

当 $E_I \geqslant 1$ 时，$p_{mdtisa2}^* \geqslant p_{mdtisa1}^*$；当 $E_I < 1$ 时，$p_{mdtisa2}^* < p_{mdtisa1}^*$

$$p_{mdtispu}^{*} - p_{mdtisp1}^{*}$$

$$= \frac{2\delta + B_I^2\lambda(1 - \delta + 2\lambda) + B_I[\delta^2\lambda - \delta\lambda(1 + 2\lambda) - 2(1 + \lambda^2)]}{-4\delta - B_I^2\delta + B_I(4 + \delta^2 + 4\lambda^2)},$$

只需要找到 $2\delta + B_I^2\lambda(1 - \delta + 2\lambda) + B_I[\delta^2\lambda - \delta\lambda(1 + 2\lambda) - 2(1 + \lambda^2)]$ 与零大小关系的区间就行了。

证毕。

当消费者是短视型，制造商采用动态定价、推以旧换新和产品是一体化架构时，不失一般性，假设 $A = 1$。第一种情况，没有购买第一代产品的消费者买不到第二代产品，即：

$$1 \geqslant \theta_{mdti3} => D \geqslant \lambda p_{mdtin2}$$

$$\theta_{mdti3} \geqslant \theta_{mdti1} => p_{mdtin2} \geqslant \frac{D}{A} p_{mdtin1}$$

$$\theta_{mdti2} \geqslant \theta_{mdti1} => B p_{mdtin1} \leqslant A p_{mdtin2}$$

则，这时制造商第二阶段的利润函数为：

$$\Pi_{MDTI2}^2 = \max_{p_{mdtin2}} p_{mdtin2} D_{mdti2}$$

$$\text{s. t.} \begin{cases} D \geqslant \lambda p_{mdtin2} \\ p_{mdtin2} \geqslant \dfrac{D}{A} p_{mdtin1} \\ B p_{mdtin1} \leqslant A p_{mdtin2} \\ p_{mdtin2} > 0 \end{cases}$$

制造商总的利润为：

$$\Pi_{MDTI}^2 = \max_{p_{mdtin1}} p_{mdtin1} D_{mdti1} + \delta \Pi_{MDTI2}^2$$

$$\text{s. t.} \quad p_{mdtin1} > 0$$

命题 6.4　当制造商动态定价、推以旧换新和产品是一体化架构时，没有购买第一代产品的消费者买不到第二代产品时的最优价格：

当 $B_I\lambda - E_I \geqslant 0$ 时

$$p_{mdtin1}^{*} = \frac{A E_I(A + B_I\delta\lambda)}{2(A E_I + B_I^2\delta\lambda^2)}, \quad p_{mdtin2}^{*} = \frac{B_I E_I(A + B_I\delta\lambda)}{2(A E_I + B_I^2\delta\lambda^2)} \text{ 时,}$$

购买了第一代产品的消费者全部购买第二代产品。

证明：制造商第二阶段的利润函数所对应的 Langrage 函数是：

$$L^2_{mdti2}(p_{mdtin2}, \eta_1, \eta_2, \eta_3) = \Pi^2_{MDTl2} + \eta_1(D - \lambda p_{mdtin2}) + \eta_2(p_{mdtin2} - \frac{D}{A}p_{mdtin1})$$
$$+ \eta_3(A p_{mdtin2} - B p_{mdtin1})$$

用 KKT 解出 4 种情况:

（1）当 $\eta_1 = \eta_3 = 0$，$\eta_2 = -\dfrac{B_l E_l \lambda}{-E_l + B_l \lambda}$ 时，$p^*_{mdtin2} = 0$，不满足约束条件，因此不合理。

（2）当 $\eta_2 = \eta_3 = 0$，$\eta_1 = -E_l$ 时，$\eta_1 < 0$，不满足约束条件，因此不合理。

（3）当 $\eta_1 = \eta_2 = 0$，$\eta_3 = -\dfrac{A B_l E_l \lambda - 2 B_l^2 \lambda^2 p_1}{A E_l}$ 时，$p^*_{mdtin2} = \dfrac{B_l p_{mdtin1}}{A}$，再代入第一阶段的利润中:

$$\Pi^2_{MDTl} = \max_{p_{mdtin1}} p_{mdtin1} D_{mdti1} + \delta \Pi^2_{MDTl2}$$
$$s.t.\ p_{mdtin1} > 0$$

解出 $p^*_{mdtin1} = \dfrac{A E_l(A + B_l \delta \lambda)}{2(A E_l + B_l^2 \delta \lambda^2)}$，当 $B_l \lambda - E_l \geq 0$ 时，满足约束条件，所以此种情况存在。

（4）当 $\eta_1 = \eta_2 = \eta_3 = 0$ 时，$p^*_{mdtin2} = \dfrac{E_l}{2\lambda}$，再代入第一阶段的利润中，解出 $p^*_{mdtin1} = \dfrac{A}{2}$，发现 $(\theta_{mdti3} - \theta_{mdti1})(\theta_{mdti2} - \theta_{mdti1}) < 0$，不满足约束条件，所以此种情况不存在。

后　记

　　时光荏苒，一眨眼四年多的时间就过去了，回顾一路走来的求学历程，感慨万千。回想当年，第一次踏入南京大学校门的情景还历历在目。多年来的学习生活使我充分感受到了母校优良的学术氛围，并受益于老师们严谨的治学态度，孜孜不倦的教诲，也收获了同学之间的情谊。

　　值此本书完成之际，我首先要感谢我的恩师。从研究的选题，本书的结构到文辞的表述直至在本书的修改过程中都得到了恩师的启迪，指导和支持，可以说本书的完成以及所取得的研究成果都饱含着恩师的心血和期望。特别是在我彷徨之际，恩师及时帮我指明了研究的方向，开拓了思路。沈厚才老师缜密的思维、严谨的作风以及勤奋的态度将是我一生学习的目标。

　　感谢所有在我的课程学习、研究过程及思想上给予的无私帮助的工程管理学院和商学院的老师们。特别是李娟教授、李敬泉教授、陈彩华老师、陈煜老师和王宇老师。还要感谢在暑假班给我上课的老师——香港理工大学的姜力教授和伊利诺伊-香槟分校的陈兴教授，以及访问香港中文大学期间在研究问题上给予重要指点的周翔教授。在此，谨向各位老师致以最诚挚的感谢！

　　感谢我的师兄师姐、学弟学妹们的帮助。欧阳建军、梅轶群、石秀天、陈一帆、牛文举、李栩樾、刘珏、曹一然和周佳慧。还有在访问香港中文大学期间给予许多帮助的殷情波和钟致恒。

　　最后，特别要感谢我的家人多年来对我的理解、支持、鼓励和关爱；感谢我的妻子赵敏对我的理解、体贴和默默支持。感谢我的父母三十多年来对我无私的奉献和爱，没有你们默默的支持、关心和照顾，我无法有今天的成长和进步。你们是我生活、学习和工作的动力，愿你们永远幸福安康！

　　谨以此书献给所有关心、爱护、支持和帮助过我的人，以表达我对他们由衷的感谢和诚挚的祝福！

罗子灿

2021 年 11 月